건축 낯선 이야기로 피어나다

지은이 약력 | **이 동 언**

1956년 경북 포항생으로 부산대학교 건축공학과에서 학사 및 석사학위, 미국 콜로라도 대학교 및 조지아 공과대학교에서 건축학 석사 및 박사를 취득했다. 현재 부산대학교 건축학과 교수다. 관심분야는 '현상학적 맥락'에 바탕을 둔 건축설계 및 이론·비평이다.
주요 논문으로는 "맥락주의 건축이론화 하기", "우리건축의 기본방향설정을 위한 현상학적 탐색", "물려받는 것(傳承)에 바탕을 둔 현대건축"(공저) 등이 있다.
주요 저서로는 〈삶의 건축과 패러다임 건축〉, 〈詩를 통해 부산건축 새롭게 읽기〉, 〈한국현대건축의 정체성탐구〉(공저), 〈건축 詩로 쓰다〉 등이 있다.

건축, 낯선 이야기로 피어나다

2011년 9월 1일 1판 1쇄 인쇄
2011년 9월 5일 1판 1쇄 발행

지은이 이 동 언(사진: 조명환)
펴낸이 강 찬 석
펴낸곳 도서출판 미세움
주 소 150-838 서울시 영등포구 신길동 194-70
전 화 02-844-0855   팩스 02-703-7508
등 록 제313-2007-000133호

ISBN 978-89-85493-51-2   03600

정가 17,000원

무단 전재와 복제는 법으로 금지되어 있습니다.
잘못된 책은 구입하신 곳에서 교환해 드립니다.

건축 낯선 이야기로 피어나다

이동언 건축이론비평집 네번째 이야기

책머리에

　이 책은 국제신문에 2010년 6월 22일부터 2011년 2월 16일까지 거의 8개월간 매주 연재한 글을 모아 정리한 것이다. 따지고 보면 긴 기간이었다. 그러나 매주 원고에 시달리다 보니까 8개월이 후딱 지나가버렸다. 이동언 교수의 '건축, 시로 쓰다.'라는 국제신문의 제목은 본인이 붙인 것이 아니다. 국제신문사에서 이름을 결정했던 걸로 기억한다. 저자의 책, 〈건축, 시로 쓰다〉는 이미 2010년에 발간되었다. 아마 책명에다 필자의 이름을 앞에다 붙인 듯하다. 건축과 시가 같이 어울리게 하는 것이 필자의 업보처럼 되었다. 이 업보를 벗어나려고 바둥거렸으나 바둥거릴 수록 시는 내게 더 다가 왔다. 시를 사용하는 것이 의무처럼 되었다. 그래서 시를 썼다. 그러나 내심은 '낯설게 하기'가 건축적으로 어떻게 표현되는가에 관심이 있었다.

　일상성 내지 습관성의 침묵 속에 함몰되어 있던 대상물이 일상성이라는 텍스트 밖에 갑자기 나타나면 일상성 속에 있던 대상물과는 다르게 보인다. 이를 '낯설게 하기'라 칭한다. 일상의 습관으로 보면 사물은 한 방향으로 길이 나있다. 그 길이 난 방향으로만 사물을 본다. 어느 날 갑자기 익숙한 쪽으로 길이 난 것이 봉쇄될 때가 있다.

진행 중인 일이 사고로 갑자기 멈춰 설 때다. 예를 들어 책상을 만드는 데 톱이 부서졌다. 여태껏 일상적 습관의 침묵에 머물러 있던 것이 도구의 고장이나 망실로 그것의 도구성이 드러날 경우가 습관적 일상 침묵이 깨어질 때다. 해체주의가 바로 이러한 침묵 속에서 낯설게 하기가 강도상으로 최고점에 도달한 사례다. 도구의 망실 혹은 출현으로 새로운 만남이 일시적으로 출몰하고 사라진 경우가 있는가 하면 침묵을 깨고 지속적으로 드러나는 새로운 만남들도 있다.

침묵이 존재하여야만 낯설게 하기가 성립한다. 침묵은 대상물의 새로움을 드러내기 위해 건축적으로 사용되는 기법이다. 침묵의 지속 정도에 따라 범주화하면 '새로운 새로움', '익숙한 새로움', '도구화된 새로움', '오래된 새로움'으로 나눌 수 있다. 구체적으로 말하면, 새로운 새로움(안용대의 디오센텀 사옥, 센텀시티), 익숙한 새로움(안용대 요산 문학관, 정림건축의 동남 원자력 의학원, 삼우설계의 자갈치 시장 현대화 건물, 이원영의 대연동 발도르프 사과나무 학교, 안성호의 한국해양대 국제 교류 협력관, 김정관의 이입재, 이용흠의 부산 시립 미술관, 작자미상의 플래닛 빌딩, 조서영의 부산 영주동 글마루 작은 도서관), 도구화된 새로움(허동윤의 중구 청소년 문화의 집, 김명건의 양산시 원동면 용당리 주택, 정태복의 부산 글로벌 빌리지, 임성필의 해운대 온누리 교회, 범어사 일주문, 고성룡의 금정세무서, 김명건의 동서대 신축 종합 운동장, 고성호와 정재헌의 크리에이티브 센터), 오래된 새로움(김중업의 유엔묘지, 이용흠의 누리마루, 조서영의 푸른솔 경로당, 승효상의 극동방송, 김중업의 부산대 인문관, 김명규의 영도등대 해양 문화 공간) 등이다.

여기서 제시된 카테고리는 위계 혹은 서열이 아니다. 단지 편의상의 분류이거나 맥락상의 분류다. 새로운 새로움은 일상성에서 거의 볼 수 없는 새로움이다. 익숙한 새로움은 두드러진 새로움은 없으나 왠지 낯선 새로움이다. 도구화된 새로움은 발명품과 같은 새로움으로 소모성이다. 오래된 새로움은 오래된 역사와의 대화를 시도하는 것이다. 이러한 새로움들은 침묵으로부터 파생한다. 일상성 속에 스며있는 침묵에 익숙한 자로 남는 한 그는 영원히 새로움을 경험할 수 없다. 침묵의 안팎을 들락거릴 줄 아는 자만이 새로움의 여러 가지 종류를 감지할 수 있다.

태극도 마을과 안창마을도 다루었다. 요즈음에 흔히 볼 수 없는 각양각색의 새로움을 지니고 있기 때문이다. 오래됨이 깊을수록 새로움도 다채롭기 마련이다. 익숙한 새로움, 도구화된 새로움, 오래된 새로움 등을 맛볼 수 있다. 여기에다 두 마을의 역사만큼이나 깊은 오래됨을 상상적으로 체험할 수 있어서 좋았다. 우리 역사의 면적과 두께에 비례하여 오래된 새로움의 발굴 두께와 면적도 깊어지고 넓어질 것이다.

일상의 면적과 두께에서 증대한 부분을 어떻게 발굴해낼까? 새로운 새로움은 일상 속의 새로움(오래된 새로움, 도구화된 새로움, 익숙한 새로움)에서 제외된다. 새로운 새로움은 일상 밖의 새로움이므로 우리의 일상과 관계를 맺지 않는다. 일상 속의 새로움이란 일상의 면적과 깊이를 멀리 볼 줄 아는 자만의 것이다. 일상의 새로움에서 일상의 면적과 두께를 더하는 것을 우리는 창조라고 칭한다. 건축이 창조행위라면 당연히 일상의 넓이와 길이 그리고 깊이에, 달리 말하면, 삶의 면적과 깊이에 관심을 가져야 한다. 건축은 일상의 학(學) 내지 삶의 학인 것은 너무나 당연하다. 우리의 삶의 학이 인간, 환경과 연관맺는 것은 지극히 정당한 일이다. 인간, 환경 사이에 형성된 일상에서 삶의 두께를 발견하는 것이 인문학이다. 이 인문학을 바탕으로 우리의 상상력은 자라게 되는 것이다. 인문학과 건축의 관계는 뿌리와 가지와의 관계와 같다. 인문학적 토양이 강할수록 가지가 번성하는 것처럼 건축도 번성할 것이다. 삶의 학으로서 건축의 새로움은 결국 인문학적 토양에 의존한다는 것을 필자는 시를 통해서, 낯설게 하기를 통해서 간접적으로 밝히려고 시도해 보았다. 이런 필자의 생각에 대한 반응은 궁극적으로 독자의 몫이리라.

　마지막으로 이 책을 만드는 데 직접적 도움을 주신 분들이 있다. 예술부산 하주희 주간, 국제신문 문화부 조봉권 기자, 대학원생인 김현진, 방주연, 김지은, 문쥬니 양 등이다. 또한 간접적 도움을 주신 가족과 지기들이 있다. 이들에게 깊은 감사를 표한다.

차례

책머리에 4

〈날아라 슈퍼보드〉의 등장인물들을 통해 본 건축 14
사오정 저팔계 손오공을 넘어 17
어떻게 건축적 시각을 가질 수 있나 19
넓고 깊은 혜안이 신기술을 만날 때 20

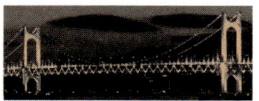

사람답게 살아가라 | 요산 문학관 22
1층 필로티의 열린 공간 25
건축가 안용대의 접근법 27

오 씨앗들 | 유엔묘지 정문 30
잠재력 끓는 10대 모습 떠오르는 이유 33
전통을 자신의 현대언어로 표현한 김중업 36

불멸의 희열감을 만끽하다 | 누리마루 38
기운 기둥의 역동성, 지붕의 옛스런 질감 40
문태준 시인의 '오래된 새로움' 이미지 42
시간의 켜를 더욱 촘촘히 하는 시도 기대 44

| 차 례 |

꽃중년 건축에서 겨울 숲 건축으로 | 부산 중구청소년문화의집 46

'아이돌'이란 화두조차 정면돌파한 건축적 사례 48
삭막한 도시에 가지가 무성한 숲이 50
진정한 꽃중년과 비움의 지향 52

어눌함의 참 서늘한 깊이 | 양산시 원동면 용당리 주택 54

평범한 시골집의 놀라운 오케스트라 56
김명건 건축가가 선물한 공간 삼중주 57
시인 정현종의 「어눌의 푸른 그늘」 59

건축에서 죽은 은유와 살아있는 은유 | 푸른솔경로당 64

기존 범위 넘어서는 상상이 필요 66
전통예술 조각보를 건물에 입혀 68
건축가 조서영의 돋보이는 상상력 70

일상과 비일상, 마주 보다 | 부산글로벌빌리지 72

건축가 정태복의 의중은 73
전이공간을 통해 심리적 안정감 도모 75
건축환경은 학습동기에 영향을 끼친다 76

교회는 하나님 말씀과 몸의 형상화 | 해운대 온누리교회 82

하나님의 계명과 사랑 84
돋보이는 빛과 어두움의 연출 86
건축가 임성필의 '벽'과 황동규의 시 88

때와 공간의 숨결이여 | 금정산 범어사 일주문 90

서로 물고 물리는 억겁세계를 담아 92
너무 큰 외침과 공간의 침묵 93
표피적 이해 넘어 접촉과 퍼짐으로 95
일주문의 악수, 금정산의 악수 96

서로 다른 것의 모양 속에 녹는다 | 대연동 발도르프 사과나무학교 100

일상적인 것 속에 새로움이 솟다 102
학교교육에 대한 나름의 메시지를 던져 104
괴물을 다룰 줄 알아야 건축가 106

루버, 그 생생함 | 금정세무서 108

'서향으로 배치된 건물'의 난제를 풀어라 109
관공서 특유의 좌우 대칭도 파괴 112
이 건물의 '생생함'은 어디서 나오는가 113

시장해서 나 너를 사랑했노라 | 동서대 신축 종합운동장 116

「공허하므로 움직인다」는 김지하의 시 117
캠퍼스 한가운데를 비워 균형을 맞추다 119
비움과 채움, 움직임과 막힘의 긴밀한 관계 121

갈증이며 샘물인, 샘물이며 갈증인 | 부산극동방송 126

분리된 두 덩어리의 건물이 서로 비추고 보듬어 128
'부산다운 건축'이 다양하게 출몰하려면 130

차 례

동남권원자력의학원 132
- 자연이 전해주는 것 133
- 해송 숲과 병원 기능의 밀접한 관계 135
- '체험'이 배제된 점 등 아쉬움도 138

자갈치시장 현대화 건물 140

- 지역 건축에서 '은유의 복합화'라는 도약 141
- 총체적 차원의 지역성 구현엔 한계 느껴져 143
- 상호교감을 통한 '함께함'의 방식을 144

해양대학교 국제교류협력관 148
- 자연이 주는 혜택을 최대한 누리고자 150
- 시각을 넘어 촉각체험으로 152
- 리듬감 있지만 어울림·센스 면에선 아쉬움도 154

고가풍 주택에서 아파트의 풍경을 다시 생각하다 156
- '비움의 공간'이 하는 역할 158
- 하늘을 접할 통로가 있다는 것 160
- '마당 있는 집'은 이제 꿈일까 162

반복의 힘 | 부산시립미술관 164

부산대 인문관 170
- 중앙홀 T자형 계단의 기능 172
- 인공선과 대조된 자연선의 아름다움 175
- 문화재 지정 가능성 보여 177

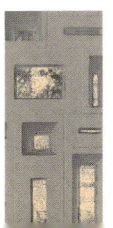

도심 속 작고 소박한 것의 빛 | 플래닛빌딩 178
  골리앗 곁에서 선 다윗 연상 180
  작지만 제 기능 감당하는 내부 공간들 182
  차분한 졸박미 간직 184

안과 밖의 그리움 | 수영강변 크리에이티브 센터 186
  디자인 전문업체 이인의 사옥과 연구소 188
  다양한 종류의 빛을 읽을 수 있어 190
  옛집과 새집이 서로 그리워하도록 192

부산전시·컨벤션 센터(BEXCO) 194
  아트리움이라는 '숨 쉴 구멍' 196
  낯설게 하기로 랜드마크 위상 보충 198
  자연의 물렁물렁함과 복원력을 199

태극도마을 204

부산 영주동 글마루 작은도서관 210
  사람이라는 게 부끄러워지는 풍경 212
  오랜 것에서 새것이 잉태 213
  이중시각·다중시각을 적극 적용한 건물 214

이미지는 어떻게 생성되는가 | 디오 센텀사옥 218
  누드 엘리베이터 안에서 보면 219
  마당 나무 물 등 환경요소 적극 활용 221
  늘 변모하는 이미지 조각들 222
  삶·시간·환경의 상호작용이 중요 223

부산 안창마을 226

    마을의 평상이 하는 역할 228
    마을에 스며 있는 공유의 문화 230
    공유의 문화 속에 살아있는 차이 231
    불통의 도시공간이 여기서 배워야 할 것 232

영도등대 해양문화공간 234

    현실적 기능과 환상적 분위기의 만남 235
    등대 기능과 해양문화공간 합쳐 236
    문태준 시인의 시 「매화나무 해산」 237
    옛것과 새것의 담대한 만남 필요 239

센텀시티와 정현종 시인의 「섬」 240

    왜 센텀시티의 건물들은 따로따로 놀까 242
    두레라움, 출중함에도 조화는 어려워 244
    센텀시티의 초심 지금이라도 점검하자 245

에필로그 | 오래된 새로운 건축을 지향한다 246

    낯설게 하기가 필요한 이유 248
    정현종과 황동규의 시 249
    부산의 사례들 250
    다양함 속에 깃든 '공감' 찾아야 251

Story 1

〈날아라 슈퍼보드〉의 등장인물들을
통해 본 건축

> 광안대교로 인해 광안리 해수욕장 부근이 '손오공식' 건축으로 바뀌어가고 있다. 이곳 주민들은 한 걸음 더 나아가 삼장법사의 안목을 가진 건축전문가들의 출현으로 이곳을 삼장법사식의 건축물들의 군집지로 변모시키길 기다린다.

우리나라에는 일반인들에게 건축을 쉽게 알리는 글들이 거의 없는 형편이다. 이런 점에 착안하여 필자는 독자들을 위해서 간략히 건축이 무엇인가를 애니메이션 〈날아라 슈퍼보드〉에 나오는 등장인물들에 빗대어 설명할까 한다.

〈날아라 슈퍼보드〉는 1990년 말부터 KBS-2TV에서 방영했던 어린이용 만화영화로 시청률 1위까지 올랐던 인기 프로그램이다. 여기에는 함축적인 의미를 띠는 다양한 인물들이 등장한다. 사오정, 저팔계, 손오공, 삼장법사가 바로 그들이다.

사오정은 사오정 시리즈에서 나타나는 바와 같이 "뭐라고, 뭐라칸데, 다시 한 번 말해 봐."를 되풀이하면서 대화의 내용과 관계없이 전혀 엉뚱한 대답을 즐겨하는 인물이다. 즉 의사소통에 장애가 있는 인물이다. 그러나 잡귀들과의 싸움에서 간간이 일조를 한다.

저팔계는 의사소통을 원활히 할 수 있는 능력을 갖추고는 있으나 그것은 상당히 국지적이다. 자신의 코앞에 닥친 상황만 읽을 뿐이지 더 큰 상황이라는 그림은 읽지 못한다.

손오공은 앞의 두 인물과는 달리 잡귀와 싸우는 상황 상황마다 전체적인 그림을 잘 파악하면서 싸운다. 그는 여기에다 슈퍼보드와 쌍절봉이라는 '신무기'를 소지하고 있다. 이러한 상황 해독력과 신무기에도 불구하고 왜 끊임없이 잡귀와 싸워나가야 하는지에 대한 의문을 갖고 있지는 않다. 즉 자신의 삶의 총체적 상황에 대해서는 근원적 이해가 결여되어 있다.

건축은 삶이 시공간적 맥락으로 응축되어 해석된
의사소통의 공간이다.

　

　

삼장법사는 자신의 삶의 총체적인 그림을 갖고 있는 이다. 등장 인물 중에서 가장 사고가 넓고 깊다. 사오정, 저팔계, 손오공의 의미는 삼장법사로부터 나온다. 이들이 하는 행위의 종교적, 도덕적 판단은 결국 삼장법사의 몫이다. 그러나 잡귀에 의하여 국지적으로 벌어지는 임기응변적인 싸움에서 그는 속수무책이다. 그는 당하고만 있을 뿐이다.

사오정 저팔계 손오공을 넘어

건축이란 무엇인가라는 질문에 답하기 위해서는 적어도 상기의 등장 인물들을 잘 이해할 필요가 있다. 건축은 적어도 '삼장법사의 사고' 로부터 출발하여야 한다. '넓고 깊게' 우리 삶을 맥락적 상황으로 투시하고 이해하지 않으면 우리는 건축을 사오정식으로 엉뚱하게 설계하고 지을 가능성이 높다.

근교의 높은 산을 올라가 부산이라는 도시와 건축을 한번 보라. 대부분의 건물들이 다른 건물들 내지 주위의 환경과는 담을 쌓고 잘난 채 머리를 쳐들고 '뭐라고, 뭐라칸데'를 외치고 있음을 본다. 사정이 이러하니 '저팔계 수준의 건축'은 더욱 찾기가 힘들다. 국지적이라도 다른 건물들과 의사소통을 시도하는 건물을 발견하기란 쉬운 일은 아니다. 사정이 이럴진대 손오공 수준으로 공간의 맥락을 그나마 총체적으로 파악하는 건축물을 발견하기란 더욱 쉽지 않은 일이다. 그래서 '삼장법사 수준의 건축'은 아주 뛰어난 건축가의 작품으로부터 드문드문 발견된다. 건축하는 사람으로서 더 잘해야겠다는 분발감이 엄습해온다.

만약 우리가 삼장법사 수준의 건축이 무엇인가 하는 것을 이해할 수 있다면 이는 건축이란 무엇인가를 이해하는 것이다. 그는 법사로서 우리의 삶을 사오정식으로 제멋대로 조각내어 단편적으로 그리고 즉흥적, 즉각적으로 간파하는 것이 아니라 '넓고 깊게' 이해하고 실천하고 있기 때문이다. 다시 말하면 법사는 손오공과 그의 친구들과는 달리 단편적인 시각이 아니라 총체적인 시각을 갖고 있다.

그는 부처님처럼 윤회의 사슬로서 우리의 '일상적' 삶을 관조하고 있으므로 손오공의 행위가 그의 손바닥으로 흡입됨을 안다. 법사는 눈에 드러나는 현상들이나 사건들이 얼마나 일시적이고 단편적인 것인가 하는 것을 너무나 잘 안다. 이런 연유로 임시방편적이고 조건반응적인 행위는 삼간다. 그래서 손오공과 그의 친구들의 눈에는 삼장법사가 마치 바보처럼 보인다. 삼장법사는 하나의 사건이나 현상을 단순하게 단선적으로 파악하지 않는다. 그것이 다른 사건이나 현상들과 밑도 끝도 없이 시공간적으로 얼기설기 맞물려 있음을 삼장법사는 안다. 적어도 삼장법사식의 건축은 '삶이 시공간적 맥락으로 응축되어 해석된 의사소통의 공간'인 것이다.

어떻게 건축적 시각을 가질 수 있나

삼장법사식으로 우리나라를 파악한다면 우리나라란 단순히 객관화될 수 있는 물리적인 대상이 아니라 그 속에 수천 수만 년 동안의 우리의 삶과 밀착되어 만들어진 시공간적 맥락이 살아 숨 쉬는 곳이다. 이처럼 시공간적인 맥락으로 넓고 깊게 파악할 수 있다면 우리는 뚜렷한 건축적 시각을 갖게 될 것이고 손오공과 그의 친구들 수준의 건축의 한계가 무엇인지 명확히 알 수 있다. 독자들에게 천리안의, 또렷한 건축적 안목을 제공하여 넓고 깊게 건축을 감상할 수 있도록 하기 위해 다음의 시를 소개한다. 이 시를 통해 독자들이 자신들 속에 살아있는 '명쾌한 눈'을 발견할 것을 마음 졸이면서 기대한다.

청도읍 뒷들 예비군 훈련장/교육 나온 조교, 땡볕에 지친 듯/담배물고 이서국 남방식 고인돌밑에다/길게 오줌을 갈길 때, 오줌은 땅 밑에서/꿈틀거리는 이서국 산과 개천을 그린다
개천을 첨벙첨벙 단숨에 뛰어 건너/이서국 부족장 큰아들, 부라린 눈에 청동검 빼어들고/압독국 장수와 엉겨붙어 뒹군다 곰처럼./적의 침과 땀이 이마의 겨드랑에 묻어 내리고/이윽고 긴 세형동검(細形銅劍)에 찔린 적장 옆구리./튕겨나와 산당화처럼 흩어진 핏방울,/비린내 풍기며 쓰러지는, 확실한 적에게/끈끈한 애정이/고인돌에 올라앉은 조교 무료하게 거총하여/구름 봉우리 끝에 고정시킨 M16,/가늠쇠로 들어온 마네킹 하나/「통일전망대」에서 본 북쪽 병사 얼굴/열심히 지껄이고 먹고 자고 겁도 많으나,/유효사거리만큼 비례하여 체온이 전달되지 않는/명백한 증오가 없는 만큼 꼭 같이 잔인하게 사살될
고인돌 밑에서 청동검 꺼내어 조교는 휘두르고 싶다, 적과 가까

이 서로,/적의 단 입내로 적을 느끼고/적의 독기 오른 눈으로 적
임을 확인하며

* 이서국: 경북 청도군 일대에 있던 고대 부족국가.
** 압독국: 경북 경산군 압량 일대에 있던 고대 부족국가.
*** 「통일전망대」: 북한의 여러 가지모습을 보도했던 MBC-TV프로.

(서림, 「青桐劍-伊西國」(청동검-이서국)으로 들어가다. 시집 「伊西國으로 들어가다」
2003년 아트선재미술관 펴냄, 30~31쪽)

'청도읍 뒷들 예비군 훈련장의 고인돌 밑의 오줌'에서 이서국의 부족장 큰아들의 청동검을 발견해내는 시인의 혜안은 놀랍다. M16, 이서국, 청도, MBC-TV의 '통일전망대', 마네킹 등을 시공간적으로 하나로 묶어내는 시인의 상상은 더욱 놀랍다. 이처럼 시공간적으로 삶의 맥락을 응축시켜 사물들을 얼기설기 묶어내고 그것들 사이에 의사소통의 통풍구를 내는 시인의 능력은 참으로 경탄할 만하다. 우리가 만약 주위의 것들을 읽어내는 이런 혜안을 갖고 있다면 사오정, 저팔계, 손오공 수준의 건축이 무엇인가 하는 것을 쉽게 파악할 수 있을 것이다.

넓고 깊은 혜안이 신기술을 만날 때

그러나 우리가 여기서 반드시 명심하여야 할 점이 있다. 사오정, 저팔계, 손오공의 능력을 단편적이고 국지적이라고 해서 결코 무시해서는 안 된다. 그들의 중구난방의 행위도 결국은 삼장법사의 넓고 깊은 생각을 실현하는 하나의 수단이 되었음을 명심하여야 한다. 삼장법사도 손오공과 그의 친구들이 없었더라면 결코 자신의 뜻을 실현시키

지 못하였을 것이다. 사오정의 독나방, 저팔계의 바주카포, 손오공의 슈퍼보드와 쌍절봉을 그냥 그대로 두었다면 엉망진창이 되었을 것이다. 그러나 삼장법사의 넓고 깊은 혜안에 의해 이 '신무기(high-technology)'들이 빛을 발한다. 이와 유사하게 건축가의 넓고 깊은 혜안에 의해 건축공학이란 신기술도 빛이 날 것이다. 건축이란 무엇인가라는 질문은 결국 '넓고 깊은 인간의 생각은 무엇인가'로 바뀔 수 있다.

Story 2

사람답게 살아가라
요산문학관

요산 생가(왼쪽 한옥) 곁의 요산문학관은 낯설게 하면서 동시에 친밀하게 하는 것이 요체를 이루고 있다.

요산 김정한 선생은 그의 소설 「산서동 뒷이야기」에서 일상을 다루는 진부한 이야기 속에 '낯설게 하기'를 시도한다. 다음 글에서 드러나는 요산의 낯설게 하기는 일상에서 무심결에 보던 것을 새로운 직유를 통해 '살아있는' 것으로 소생시킨다. 새로운 직유는 구태의연한 직유와는 달리 낯섦을 통해 사물을 새롭게 혹은 처음으로 다가오게 한다.

> … 낙동강 하류에 있는 ㅁ역을 지나 남쪽으로 조금 내려간 곳의 산서동이란, 벼랑에 매달린 듯한 작은 마을도 그러한 곳이다. 그다지 많찮은 집들이 흡사 벼랑처럼 가파른 야산 비탈에 층층이 붙어있기 때문에 차창에서 보면 거의 모든 집 안방이나 뜨락들이 손에 잡힐 듯 똑똑히 들여다보인다. 그래서 기차가 지나갈 때는 부락 전체가 온통 연기를 뒤집어쓰게 마련이다.
>
> 김정한 소설전집 수록 「산서동 뒷이야기」 중. 463쪽

"그다지 많찮은 집들이 흡사 벼랑처럼 가파른 야산 비탈에 층층이 붙어있기 때문에 차창에서 보면 거의 모든 집 안방이나 뜨락들이 손에 잡힐 듯 똑똑히 들여다보인다." 우리는 이 문장을 통해 낯섦이 '벼랑처럼'이란 직유로 인해 층층이 붙어있는 야산 비탈로 전이되었음을 알 수 있다. 또 안방이나 뜨락들이 '손에 잡힐 듯'이라는 직유를 통해 똑똑히 들여다보임으로써 낯설게 되었다. 이 두 구절을 통해

정말 실감나게 집들이나 안방이나 뜨락들이 우리에게 낯설게 다가온다. 이 두 구절로 말미암아 부락의 모든 것과 친밀하리라고 생각하던 곳이 갑자기 낯설게 느껴진다. '산서동 뒷이야기'에서 확인할 수 있는 것은 일상성 가운데 낯섦을 추구하는 작가의 의도다. "기차가 지나갈 때 부락 전체가 온통 연기를 뒤집어쓰게 마련이다." 이 역시 낯설게 하다. 상기 소설은 살아있는 직유를 사용하면서 단락 전체 이야기가 실감나게 전달되고 있다. 요산은 분명히 일상성 가운데 낯설게 하기를 시도하고 있다.

요산문학관 1층의 현대적 휴게공간과 한옥건물인 요산생가가 포개져 친밀함을 보여준다.

1층 필로티(지면에서 띄워진, 건물 하부의 공간)는 우측에 샌딩 강화유리벽 안에 내부조명을 인입한다. 그 자리에 "사람답게 살아가라."는 요산 선생의 글귀와 그의 사진인지 그림인지가 큼직하게 붙어있다. 1층 데크 공간을 재현적 방식을 통해 요산 선생의 공간으로 변환시킨다. 1층 필로티 아래 데크 공간은 서쪽 풍경을 끌어들여 문학관 자체가 주변의 주택 및 빌라들과 일상성을 나누게 한다. 즉 주위와 소통을 나눈다. 이 데크에 서면 문학관에 있으면서 담 너머 이웃의 공간에 있기도 한 것이다. 이처럼 이쪽저쪽을 소통시키려는 장치가 이 건축물 곳곳에 있다.

데크에서 2층으로 향하는 계단을 올라가노라면 눈이 부신 투명함이 느껴진다. 우측면에 배치된 유리 덕분인 듯하다. 가수 송창식이 대중가요로 부른 서정주 시인의 「푸르른 날」이 가슴에 다가온다.

> 눈이 부시게 푸르른 날은/그리운 사람을 그리워하자
> 저기 저기 저, 가을 꽃 자리/ 초록이 지쳐 단풍 드는데
> 눈이 나리면 어이하리야/봄이 또 오면 어이하리야
> 내가 죽고서 네가 산다면!/네가 죽고서 내가 산다면?
> 눈이 부시게 푸르른 날은/그리운 사람을 그리워하자.
>
> 서정주, 「서정주시선-푸르른 날」 중, ·미래사, 1996, 19쪽

1층 필로티의 열린 공간

일제식민통치 아래서나 독재정권하에서 요산이 감옥을 들락날락거릴 때 그곳의 조그마한 창을 통해 바라보는 '눈이 시리도록 푸르

른 날'에서 주위 사람들에 대한 그리움과 인생의 긴 여정을 홀로 가야 하는 외로움으로 실존의 한계를 느꼈을 것이다. 그처럼 이 계단을 설계한 건축가 안용대도, 사용자도 아마 '하늘이 푸르른 날'에 그리운 사람을 그리워하며 혹은 외로워하며 마침내 내가 아니면 네가 먼저 죽음으로 끝을 내야 하는 인간실존의 참모습을 보았을 법하다. 검색코너 쪽의 창을 통해 푸른 하늘을 다시 보면서 자신의 현실로 되돌아왔을 듯하다.

또 다시 3층으로 올라가는 좌측면에 뚫린 빈 허공을 바라보면서 또 다시 인간의 삶과 죽음을 그리고 전면 창을 통해 희망을 맛보았을 것이다. 이 건축물에서 창은 주변과의 소통을 주어 친밀감을 주고 수직으로 열린 공간은 낯섦을 준다. 1층 필로티의 열린 공간은 요산 선생의 삶의 폭과 깊이를 우리에게 암시해주고 있는 듯하다. 계단실과 더불어 열린 공간은 인간 실존의 한계를 마치 거울처럼 보여주고 있다. 낯설다.

1층 필로티에서는 요산 선생의 인상과 그의 인생에 대한 경구 "사람답게 살아가라."라는 총체적인 메시지가 함축적인 분위기로 다가온다. 1층은 거실, 사무실, 휴식공간 등이 있다. 2, 3층은 봉사하기 위해 만들어진 공간이다. 지상 2층은 도서관과 기념관이다. 요산 선생에 관한 도서와 유물을 전시한 공간이다. 2층은 1층에서 본 요산의 인상과 경구에 대한 반성적, 분석적 공간이다. 요산이 구체적으로 어떻게 살았으며 왜 "사람답게 살아가라."고 충고했는지 이유를 알 수 있도록 물증을 제시하는 공간이다. 지상 3층 공간은 인간 삶의 넓이와 깊이 그리고 실존의 한계를 사고하며 상상하는 집필의 공간이다. 이곳은 데크를 통해 끝없는 삶의 넓이와 깊이를 하늘을 통해 바라보며 사고하고 상상하는 곳이다.

1층은 주로 외부와 소통을 통한 주변과 친밀하게 하기이다. 이에 반해 2층은 계단실, 왼쪽에는 기념관, 오른쪽에는 도서관이 있는 요산 선생에 대한 상식을 깨는 낯설게 하기의 공간이다. 막연히 우리가 알고 있는 요산에 대한 상식들이 얼마나 습관적으로 만들어졌는지 알 수 있는 공간이다. 문학이란 습관의 친밀함을 깨고 과감히 낯섦을 받아들여 삶의 질을 향상시키는 행위다. 다만 낯섦이 과도해서는 안 된다. 건축 역시 한가지다. 낯섦이 과도할 경우 해체의 길을 다시 걸을 것이다.

건축가 안용대의 접근법

시인 김기택은 우리도 모르는 사이에 습관화된 것을 '그는 새보다도 적게 땅을 밟는다'에서 예리하게 지적한다.

> 날개 없이도 그는 항상 하늘에 떠 있고/새보다도 적게 땅을 밟는다./엘리베이터에서 내려 아파트를 나설 때/잠시 땅을 밟을 기회가 있었으나/서너 걸음 밟기도 전에 자가용 문이 열리자/그는 고층에서 떨어진 공처럼 튀어 들어간다./…
>
> 김기택, 「창비시선—사무원」, ·창비, ·1999년, 75쪽

우리가 땅을 새보다도 많이 밟고 있는 듯 보이나 우리도 모르는 사이에 습관적으로 새보다도 적게 땅을 밟는 것을 시인은 예리하게 지적하고 있다. 우리는 이러한 사실에 깜짝 놀란다. 이처럼 우리가 모르는 사이에 습관으로 고착된 것이 무수히 많다. 그렇게 해야 할 아무런 이유 없이 그렇게 하는 경우가 얼마나 잦은가? 그래서 낯설게 하

기가 필요한 것이다. 건축가 안용대는 이러한 사실을 알고 있는 듯하다. 그러나 그는 새로운 언어 창출로 습관적으로 고착된 것을 낯설게 하지는 않았다. 기존언어를 사용하면서 낯설게 하기를 시도한다.

요산 선생의 생가와 요산문학관은 형태적으로 거의 어울리지 않는다. 건축가는 이런 낯섦을 생가 지붕선과 창호선 등과 문학관의 유사 관계로 극복하려 한다. 한편으로는 낯설게 하기 위해 전면의 발코니도 과잉돌출하고 있다. 문학관 뒷부분 역시 직삼각형 모양의 창을 갖고 있다. 다른 한편으로 주변 맥락과 어울리기 위해 다른 집들과 한가지로 옥상정원을 갖고 있고 주위와 유사한 색깔의 붉은 벽돌을 쓰고 있어 잘 어울린다. 그러나 예사롭지 않은 직삼각형의 창과 왼쪽 단부의 창이 조형적으로 낯설다. 그리고 기와를 이고 있는 담과 필로티 공간의 차이가 이 건물을 주위와 소통시켜 친밀하게 만든다.

지붕 꼭대기에서 뒷면 가운데쯤 폭 1.5m로 길이 약 1/5 가량 파고 들어간 부분이 매스 단절 효과를 줘 주위와 어울림에 일조하고 있다. 이웃과 어울리지 않은 거대한 매스라는 낯섦을 가운데 데크를 두어 지붕의 일정 부분을 분리시킴으로써, 즉 매스분절을 시킴으로써 친밀하게 한다. 벽돌벽 담장 위에 기와를 올린 것을 보더라도 이 건축가가 요산 생가와 친밀하게 하기를 어느 정도 원하고 있는지 알 수 있다. 그러면서 동시에 낯설게 하기에 대한 집착도 가진다. 건축가 안용대는 요산문학관에서만큼은 친밀함과 낯섦이란 모순을 동시에 수용하려고 무던히 애를 썼다. 요산이 "사람답게 살아가라."고 외친 것은 결국은 친밀함이든, 낯섦이든 간에 어느 한 쪽의 노예가 되지 말 것을 권유하는 말씀이 아닐까?

[돈] 안경

어느 날 아침이었다. 첫째녀석이 필자의 지갑에 만 원짜리 지폐 2장을 집어넣기에 의아해 물었다. "왜 만원짜리 지폐를 아빠 지갑에 넣지?" 녀석의 대답이 아주 기상천외였다. 그 만 원짜리는 미술학원에서 저금한 돈으로, 자신은 만 원짜리의 초록색이 보기 싫어 천 원짜리 2장으로 바꾸고 싶다는 것. 돈은 많을수록 좋다고 생각해온 필자의 고정관념을 깨뜨리는 충격적인 말이었다. 이 아이에게는 돈은 더 이상 돈이 아니었다. 아이와 돈 사이에는 어른들이 가지지 못하는 감정이 흐르고 있음을 알 수 있었다.

  우리는 언제부턴가 돈으로 이 세상 모든 것들을 계량화하였다. 이 세상 모든 것들이 돈으로 환산될 수 있다고 믿게 되었고 환산액에 따라 주위사물의 가치를 매기게 되었다. 검은 안경을 끼면 세상이 전부 검게 보이는 것처럼 '돈 안경'을 걸치게 되면 세상이 모두 돈으로 환원되어 보이는 것은 당연한 것이다. 대부분의 사람들이 돈 안경을 끼고 세상을 보고 있기 때문에 세상을 '이해'하고 사는 것이 아니다. '오해'하고 살고 있는 것이다.

  환경오염은 왜 생기는가. 돈 안경을 끼고 국토를 보기 때문에 국토가 무분별하게 파헤쳐지고 돈벌이 수단으로 전락했다. 주위의 환경을 인간이 일방적으로 착취하고 수탈하다 보니 이제는 마실 물, 호흡할 공기조차 염려하게 되었다.

    도시가 풀속으로 걸어간다/ 잠든 도시의 아이들이 / 풀잎의 엘리베이터를 타고/ 빨리 빨리/지구로 내려간다/ 가장 넓은 길은 뿌리 속/ 자네 뿌리속에 있다.

강은교, 「봄無事」

Story 3

오 씨앗들
유엔묘지 정문

오 씨앗들
유엔묘지 정문

유엔묘지 정문이 눈에 들어온다. 참으로 오랜만이다. 유엔묘지 정문 앞으로 바짝 다가갔다. 그 뒤편에는 6·25전쟁으로 희생당한 유엔군 전몰자들이 어른어른거리는 것 같다. 유엔묘지 정문은 얼핏 보기에 10대 소녀처럼 보인다. 왜일까? 아마 요즈음 흔히 이야기하는 S라인을 지닌 소녀 같은 기둥의 외관 탓이리라. 그러다 갑자기 10대 소녀들이 무리로 모여 있는 것처럼 느껴지기도 한다. 유엔묘지 정문은 다시 소녀들이 성인이 된 모습들이 무수히 포개져있는 것처럼 보인다. 또 다른 형상들이 수십 아니 수백으로 포개져 보인다. 유엔군의 전몰자일까? 환영일까? 새로운 형상들이 포개질 때마다 숨 쉬는 소리가 들린다. 미스터리다. 「오 씨앗들」이란 시 속에 답이 있었다. 정현종의 시다.

"발랄"이 별명인/십대/소년소녀/그들은 말하자면/움직이는 무한이에요./잠재력 무한/호기심 무한/창의력 무한/꿈 무한…/학교는 말하자면/그 무한한 것들이/맘껏 피어나고/잘 흐르고/잘 익어가게 하는 공간,/매장량을 알 수 없는/그 애들의 자발성이/빛을 발하도록/부추기는 곳/보살피는 곳/하여간/그 애들 속에 들어 있는/투명해서 다 보이는/씨앗들을/한없이 소중하게/보듬는/품./씨앗들/숨 쉬는 소리/들려요.

10대 소녀 같은 유엔묘지 정문 앞에서 이 시에서와 같은 느낌을 받았다. 다음과 같이 이 시를 바꿔 쓰고 싶었다.

유엔묘지 정문은/10대 소녀들/그들은 말하자면/움직이는 무한이에요./잠재력 무한/꿈 무한…/전통은 말하자면/그 무한한 것들이/맘껏 피어나고/잘 흐르고/잘 익어가게 하는 공간./매장량을 알 수 없는/그 정문의 자발성이/빛을 발하도록/부추기는 곳/보살피는 곳/하여간/그 정문 속에 들어 있는/(투명해서 다 보이는)/씨앗들을/한없이 소중하게/보듬는/품./씨앗들/숨 쉬는 소리/들려요/이제/씨앗들이/잠재적 형상들로 드러나요.

우리의 전통의 것들이 근대적 재료인 콘크리트와 새롭게 만났으나 전통적 요소의 핵심들은 그대로 표현하고 있다. 지붕의 선, 주신(기둥의 몸체)의 배흘림, 지붕에 콘크리트로 떡 주무르듯이 빚어진 물홈통 등. 지붕, 공포, 기둥이 콘크리트 옷을 갈아입었던 당시, 사람들은 내심 놀랐다. 씨앗들 속에 함축되어 있던 것들이 이렇게 표현되리라고 전혀 생각하지 못했다. 기둥 하나가 네 줄기의 다발기둥으로 바뀔 것을 꿈에도 생각지 않았다. 공포는 또 저렇게 다발기둥에서 하나씩 빠져나와 마치 두 손이 전면과 측면에서 지붕을 머리에 이고 있는 8인의 아름다운 소녀들의 모습으로 바뀔 줄이야. 지붕은 콘크리트로 추상화하여 기와를 올린 것 같다. 그리고 천창은 일품이다. 우리 것과 서구 것의 묘한 결합이다. 아름다운 소녀들과 젊은 유엔군 전몰자들. 이방인 전몰자들의 햇빛 속에 화사한 웃음을 짓는 아름다운 소녀들. 전몰자들은 죽어서도 천창이 되어 소녀들을 즐겁게 하구나.

옆에서 본 유엔묘지 정문의 기둥들은 발랄한 율동감이 있다.

잠재력 끓는 10대 모습 떠오르는 이유

갈 길은 멀다. 지금의 정문은 다시 활성화하기의 초기단계이다. 아직은 10대 소녀에 불과하다. 위에서 말하는 것처럼 전통의 품에 안긴 '매장량을 알 수 없는' 씨앗들이 무수한 형상들로 변형 가능하다. 건축가 김중업이 이 정문을 만들 때 어떤 근본적 생각을 했을까? 그의 건축에 대한 생각을 더듬어본다.

건축의 기능이나 아름다움은 모두 생활이라는 기반에서 출발한다. 그러므로 좋은 건축을 위해서는 생활이라는 인간의 속성을 감지할 수 있는 예민한 감성과 이제까지 축적된 기술과 전통을 간파하는 단호한 지성이 필요하다. 이 양자는 건축가의 필수적인 자질인 동시에 커다란 목표가 된다. 문화가 발전함에 따라 공법과 자재, 공간파악 개념도 발전하였고, 시대에 따라 형상도 변해왔다. 이제까지 인간이 만들어낸 모든 것이 건축언어이므로, 이들 가운데 무엇을 어떠한 방식으로 새롭게 살리는가 하는 것 또한 건축가가 영위해야 할 창조활동의 근간이 된다.

한국건축가협회 수상작품집: 제1회~10회, 기문당 펴냄, 1992

윗글의 요지는 전통 속에서 배양된 씨앗에서 자란 잠재형상들 가운데 당시 생활과 기술의 범주 내에 가장 적합한 건축언어를 추출해 새롭게 살리는 것이 건축가가 영위해야 할 창조활동의 근간이라는 것이다. 아마도 이것은 건축가 김중업의 평생 믿음이라 볼 수 있다. 추측컨대 건축가는 전통의 대문 속에 현재 및 미래의 정문의 모든 것들이 숨어있다고 보았던 것 같다. 전통대문이면 정문의 모든 것들이 배태되어 있고, 달리 말하면 함축되어 있고 시간이 지남에 따라 표현화된다고 생각한 것 같다. 그 표현화의 완성이 과거의 완성으로 간주된다. 과거-현재-미래가 단계적으로 발전하고 과거의 것은 현재 및 미래의 것을 함축하고 있다. 현재는 과거의 드러냄이자, 미래의 함축이다. 마치 현재의 나의 모습이 과거의 그것의 드러냄이자, 미래의 그것의 함축인 것처럼.

조상이 만든 건축물 속에는 우리 고유의 혼이 있고 후손들은 이 혼을 새로운 방식으로 드러내고 확대시키고 질적으로 양질화시켜야 할 의무가 있다. 유엔묘지 정문은 전통대문 가운데 살릴 부분은 새롭게 살리고 천창이라는 신기술을 도입하고 형상적인 측면에서 예민한 감성이 발휘되었다. 그런데 여기서 하나 의문으로 남는 것은 정문의 높이가 인체 스케일에 비해 너무 높다는 점이다. 그가 설계한 부산대학교 인문관 역시 천장이 턱없이 높다. 이는 그의 스승인 프랑스 건축가, 르 코르뷔지에의 영향인 듯하다. 앵글로 색슨의 평균신장 183cm을 기본단위로 하여 모듈을 정하였기 때문에 한국인의 신장에 맞지 않다. 이러한 사실을 알았음에도 왜 그 모듈을 고집했을까? 여러 가지 이유가 있었을 것이다. 그 이유들 중 하나는 르 코르뷔지에의 모듈시스템에서 어느 하나를 바꾸는 것은 바로 시스템 전체를 해체하는 결과를 가져오기 때문이다.

　유엔묘지 정문은 아직 10대처럼 움직이는 무한이다. 잠재력도 무한하고 꿈도 무한하다. 전형적인 옛 대문은 우리의 상상에 의해 마음껏 변할 수 있다. 전통이란 과거로부터 흘러오는 또 흘러가는 공간으로서 "무한한 것들이 맘껏 피어나 잘 흐르고 잘 익어가게 하는 공간."이다. 또한 옛것들이 "자발성이 빛을 발하도록 부추기는 곳, 보살피는 곳."이 바로 전통이다. 정문 속에 들어 있는 "(투명해서 다 보이는) 씨

앗들을 한없이 소중하게 보듬는 품."이 바로 전통인 것이다. 유엔묘지 정문 속의 씨앗들에서 숨 쉬는 소리가 들리는데 어찌 묵살할 수 있겠는가? 씨앗들이 또한 전통의 힘으로 싹을 틔워 발아하여 잠재형상들을 만드는데 어찌하겠는가?

전통을 자신의 현대언어로 표현한 김중업

전통이란 결코 고정된 것이 아니다. 우리가 유엔묘지 정문 속으로 들어가 통찰력으로 보면 아직도 형상화되지 않은 씨앗들이 수십만 아니 수로 셀 수 없는 만큼 숨어있고 전통의 힘으로, 잠재적 형상들로 바뀜을 알 수 있다. 이러한 잠재형상들을 보살피는 것도 또한 전통의 힘이다. 김중업은 잠재형상들을 얼마나 보았는지 모른다. 그가 보았던 것들 중 일부는 그의 생애를 통해 건축화한 것도 있고 결국 세상의 빛을 보지 못한 것도 있다. 여기서 잠재형상이란 아직 드러나지 않고 숨어있는 형상을 말한다. 건축가 김중업의 유엔묘지 정문이 전통대문을 모방한 재현적 추상일지라도 그 잠재형상들의 변화가 무궁무진하다.

　재현과 추상, 과연 우리는 어느 길을 택해야 하는가? 재현, 그것은 시대착오적이다. 반면 재현적 추상이 점점 추상화되면 재현은 원래 모습을 잃는다. 재현에서 멀어져버린 추상은 자신의 아이덴티티(identity)를 상실할 우려가 있다. 재현적 추상의 한도는 모사된 자신의 정체성을 상실하지 않는 데까지 추상화시키는 것이다. 재현적 형상의 상실은 곧 우리 옛것에 대한 아이덴티티 상실을 의미하기 때문이다. 평생을 우리 옛것의 재현적 추상에 관심을 가졌던 그는 이미 유엔묘지 정문을 설계할 때 1985년에 실시된 '올림픽 조형물 및 광장'설계에서 잠재형상으로 그리고 있었는지 모른다. 유엔묘지 정문을 바라보면서 김중업의 평생 동안의 작품들을 잠재형상들로 보는 것은 그리 어려운 일이 아니리라. 우리 전통의 앞으로의 흐름을 보고 싶은가? 정문의 잠재형상들을 살펴보자. 김중업의 전 생애 작품과 앞으로 그의 작품이 후배 건축가에 의해 어떤 형상들로 나타날 것인가가 알고 싶은가. 유엔묘지 정문으로 가자. 그리고 정문을 투시하여 보자. 씨앗들의 싹을 틔우자. 무수한 형상들이 나타날 것이다.

Story 4

불멸의 희열감을 만끽하다
누리마루

> 하늘, 바다, 동백섬과 어우러지는 누리마루 전경

누리마루는 온 세상을 의미하는 '누리'와 지도자 혹은 정상이란 뜻이 담긴 '마루'를 조합해 만든 합성어로 '온 세상의 정상'이라는 뜻이란다. 전체면적은 1만 9,772㎡, 연면적 2,992㎡다. 지상 3층 규모에 높이는 24m다. 누리마루는 부산의 일신설계(회장 이용흠)에 의해 설계되었다.

　누리마루는 기존의 자연을 가장 적게 훼손시키는 선에서 건축공사를 하였다. 기존의 소나무와 필로티(지면에서 띄워진, 건물 하부의 공간) 기둥이 어울려 묘한 분위기를 자아낸다. 자연과 인공의 대비가 참으로 아름답다. 타원형에 가까운 공을 반토막 낸 지붕의 아담하고 단아한 모습이 마치 초가지붕과 유사한 이미지이나 질감은 기와지붕 같기도 하다. 경사지게 올라간 기둥들로 인해 지붕이 실제보다 크게 보인다. 동백섬의 모양을 본떴단다. 위에서 보니 정말 동백섬과 유사하다. 동백섬과의 어울림이 꽤 괜찮은 것 같다.

　내외부공간의 주고받기게임이 일품이다. 특히 남쪽의 바다와 북쪽의 울창한 송림이 어우러져 절경이다. 이러한 좋은 공간은 건축물을 두기보다는 비워두는 것이 바람직하지 않을까 하는 생각이 들기도 하지만 역으로 절경의 공간임을 느끼지 못하다가 건물이 들어섬으로써 그 공간이 절경이구나 느끼는 경우가 많다. 자연이 환경과 어우러진 건축물과 더불어 있을 때 자연은 더욱 자연다워지고 건축물은 더욱 건물다워짐을 새삼 느낀다. 불과 2시간 30분간의 APEC(아시아태평양경제협력체) 2차 정상회담만을 위해 세워진 건축물이긴 하지만 이곳이 절경임을 일깨워 준 것이 바로 누리마루다.

기운 기둥의 역동성, 지붕의 옛스런 질감

흔히들 이곳의 풍광만 뛰어난 것처럼 이야기하지만 누리마루는 그러한 풍광이 가능하게 해준다. 특히 인공적인 필로티 기둥과 소나무의 어울림은 절묘하다. 사선의 기둥과 직선기둥 사이에 보이는 소나무의 자연적인 형상은 한 폭 그림 같다. 기둥은 자연에 대비되는 인공물로서 존재감의 표현이라면 지붕은 옛 기와지붕이나 초가지붕의 질감 및 부피감의 추상적인 표현이다. 동시에 사선기둥의 도입으로 인해 발생한 역동성의 추상은 바다라는 생동적 존재의 다른 표현이리라. 어디서 본 듯한 그러나 새로운 것이 누리마루의 첫인상!

 8m 순환도로를 따라 주진입로 선운교를 지나면 주출입구. 그것 양쪽에는 테라스가 있고 계단이 올라가는 부분의 일부만 제외하고 전부가 테라스로 둘러싸여 있다. 가운데 정상회의장이 있다. 내부 가장 안쪽에 있는 정상회의장은 21개의 좌석으로 배열되어 있는데 7개씩 3그룹이 있다. 정상회의장은 원형인데 비하여 건물외벽선은 타원형이다. 이런 경우 회의장과 외벽선 사이의 면적이 불균등하게 배치된다. 회의장과 외벽선이 동시에 원형이면 면적이 전후좌우 균등하게 배열되어 답답한 감을 준단다. 완벽함을 추구하는 관공서의 논리에는 맞지 않는 듯, 일리는 있다. 우리의 관도 이젠 시대에 발맞추고 있다.

 3층 로비 좌측에 있는 계단실을 따라 내려가면 2층 오른쪽에 있는 오찬장에 도달. 2층 테라스의 계단을 타고 내려오면 텅 빈 1층 필로티이다. 남쪽에 있는 2층의 테라스는 오찬장으로 향하는 두 개의 출입구, 그 위쪽은 정상회의장 상부이며 동시통역실이 있는 곳이다. 3층 천장은 석굴암의 그것을 추상화시킨 것이다. 이 건축물의 곳곳에는 우리의 단청이 그대로 재현된 것도 있고 모양새만 추상화된 것도 있다. 기둥을 12개씩 3열로 설치한 것은 12지신상을 상징하기 때문이란다.

　누리마루를 한 바퀴 대충 훑어보니 한마디로 정자를 현대의 테크놀로지로 재해석한 듯하다. 도처에 옛 정자 건축 혹은 고건축을 모방하여 재현하기도 하고 모방한 것을 다시 추상화시켜 재현적 추상을 하기도 한다. 그럼에도 누리마루의 전체적 이미지는 정자건축을 새롭게 해석한 추상에 가깝다. 지척에 일우원이 있고 누리마루의 모델인 옛 정자 심우정이 있다. 이는 누리마루의 모델로서 작용한다. 대부분의 건축 비전공자들은 심우정을 판단의 근거로 삼는다. 심우정이 마치 모범답안처럼 작동하여 누리마루를 채점하는 근거가 된다. 일반인은 심우정과 누리마루를 1:1의 대응을 통해 혹은 심우정 그 자체를 통해 누리마루를 이해하는 것처럼 보인다. 심우정 덕으로 누리마루를 무척이나 친근하게 여기게 된다.

문태준 시인의 '오래된 새로움' 이미지

옛 정자와 누리마루 간의 대비로 시간을 초월한 영속적인 '그 무엇'이 세대를 통해 존재한다는 사실이 인식되는 것은 가슴 뿌듯한 일이다. 우리 존재가 이 세상에 허망하게 살다 당대에서 끝맺음하고 흔적도 없이 사라진다는 사실에 늘 두려움에 떨어온 우리가 영속적인 그 무엇이 존재한다는 사실에 고무되지 않을 수 없다. 불멸의 기쁨을 맛본다는 건 참으로 희열이다.

   정상회담장에서 공간의 정상을 맛보았다면 두 정자 간의 대비를 통해 '시간의 정상(頂上)'인 불멸의 희열감을 느낀다. 이것이 '옛것 되살리기'를 통해 얻을 수 있는 최대 수확이다. 옛것을 그대로 재현한 것에서는 우리는 이러한 옛것 되살리기의 맛을 느끼지 못한다. 과거는 그것으로 끝났다고 생각하므로. 옛것 되살리기가 이루어지려면 과거의 것과는 달리 새로운 맛이 있어야 한다. 그런데 이 새로운 맛이 오래된 맛과 조화를 이루어야한다. 오래된 맛이 새로운 맛보다 크면 옛것 되살리기의 맛이 덜하다. 새로운 맛이 오래된 맛보다 더 커도 또한 옛것 되살리기의 맛이 덜하다. 양자가 적절히 조화를 이뤄야 한다. 또한 오래된 것과 새로운 것 사이에 시간 켜가 많을수록 옛것 되살리기가 잘 이루어진다고 볼 수 있다. 오래된 것과 새로운 것 사이에 시간 켜가 만들어져 가고 있다면 가장 이상적인 옛것 되살리기이다. 옛것 되살리기가 현재진행 중이며 불멸감이 지속 중임을 알 수 있다. 문태준 시인은 시 「그늘 속으로」에서 이를 재미있게 표현하고 있다.

   나무 그늘을 지나간다 가재가 나를 꽉 문다/많이 본 녀석 같다 맑은 혼들이 돌들 사이로/지나가는 때 본 녀석 같다 아득히 먼 데서/걸어온 녀석이다.

불멸의 희열감을 만끽하다
누리마루

위에서 본 누리마루. 둥근 지붕선이
동백섬의 자연경관을 해치지 않고 안기듯 어울린다

맑은 혼들이 돌들 사이로 지나가는 때 본 녀석 같다는 것은 시인이 태어나기 전 언제인지는 모르지만, 아주 먼 옛날 수백 년인지 수천 년인지 알 수 없지만 시인이 맑은 혼들이었을 때 본 녀석은 아득히 먼 데서 걸어온 녀석이다. 지금 옛것 되살리기가 진행 중이다. 본 녀석은 오래된 녀석과 새로운 녀석이 조화롭게 섞이어 있는 녀석이다. 그리고 지금도 옛것 되살리기가 진행 중인 녀석이다. 혼들이 수천 년인지 수만 년인지 모르지만 교대로 가재 녀석과 친분관계를 쌓았으므로 지금 나에게 '오래된 새로움'을 준다.

APEC 정상회담장 역시 옛것 되살리기가 된 "녀석."이다. 과거와 현재의 틈을 메우는 주된 것은 새로운 건축요소인 지붕이다. 그 외의 것들은 옛 건축요소의 모방인 추상요소들, 즉 석굴암의 천장, 보와 공포(栱包)의 이미지, 대청마루, 벽 등이다. 새로운 건축요소인 지붕은 "아득히 먼 데서 걸어온 녀석이다." 기와지붕과 초가지붕 사이에서 탄생한 오래된 새로운 '놈'인 것 같아서 아득히 먼 데서 걸어온 녀석임에 틀림이 없다. 이 '놈'이 누리마루의 주된 이미지 역할을 한다.

시간의 켜를 더욱 촘촘히 하는 시도 기대

사소한 것이긴 하지만 누리마루의 약점은 신라시대와 조선시대, 양 시대에 걸쳐있는 위의 추상요소들만으로는 시간 켜들이 너무 듬성듬성하다는 것이다. 누리마루의 재현적 추상요소들로부터 생동감의 지속이 느껴지기에는 시간의 단절이 너무 오래 지속된다. 그리하여 오래된 새로움인 누리마루의 불멸감을 제법 떨어지게 한다.

기억상실증에 걸린 현대도시인들은 건축에 설사 시간 켜가 별로 없을지라도 개의치 않았다. 그러나 옛 건축요소를 임의로 선택하여 사용하는 포스트모더니즘의 열풍 이래로 기억상실증에서 조금씩 회복된 도시인은 아직도 시간 켜가 촘촘치 않아도 생동감 및 불멸감을 크게 느낀다. 그러나 기억상실증이 빠른 속도로 회복되고 있어 옛것 되살리기에 대한 요구가 점점 늘어감에 따라 과거와 현재 사이의 시간 켜의 촘촘한 차이를 더욱 요구하게 될 것이다. 기억상실증의 회복 정도와 시간 켜의 촘촘한 차이에 대한 요구가 비례할 것이므로.

시인 문태준의 상상적 기억력은 놀랍다. 자기가 맑은 혼들이 되어 떠돌아다닐 때에 만난 '그 무엇'을 상상기억하고 있으므로. 누리마루 이용객들이여! 시인처럼 상상기억으로 불멸의 희열감을 만끽하시라.

Story 5

꽃중년 건축에서 겨울 숲 건축으로
부산 중구청소년문화의집

> 부산시 중구 보수동에 있는 중구청소년문화의 집 전경.

우리는 몸짱스타 하면 으레 권상우, 소지섭 등을 떠올린다. 각종 영화와 드라마에서 탄탄한 몸매로 어필했던 스타들.… 하지만 세월이 바뀌면 트렌드에도 변화가 생기는 법. 최근에는 30~40대 사람들이 드라마의 주 시청층으로 부상하며 중년의 몸짱 스타들이 새삼 주목을 받고 있어 눈길을 끈다. 꽃미남에 중년남의 이미지를 결합시킨 '꽃중년' 등의 유행어도 그 가운데 생겨났다.

「꽃중년」에 관한 최근 인터넷 보도 중

건축도 시세에 야합하는 경향이 있다. 그래서 꽃중년의 트렌드가 나타나는 것은 당연하다. 10~20대의 꽃미남은 형태적으로 아름답게 신축된 건축물에 비유될 수 있다면, 꽃중년은 그것의 이상적 모델들(차승원 등)을 좇아 성형이나 운동을 티나게 행한다. 형태적으로 아름답게 개축된, 조금은 오래된 건축물에 비유될 수 있다.

   부산에서도 중년의 건축물이 꽃중년형의 그것으로 개축되는 바람이 불고있다. 최근 리모델링이 성행하는 것은 이러한 꽃중년 열풍과 무관하지 않으리. 꽃미남은 신축된 건축물이라면 꽃중년은 개축된 것으로 아무리 아름다운 형태를 지니고 있더라도 본바탕이 조금은 오래된 것이다. 꽃중년의 근원이자 꽃미남이 주축을 이루는 아이돌(idol)을 잠재우면 꽃중년의 열풍도 서서히 자취를 감출 것이다.

'아이돌'이란 화두조차 정면돌파한 건축적 사례

부산의 상지이앤에이건축사사무소(대표이사 허동윤)는 자신들이 설계한 부산 중구청소년문화의집을 그루터('grow+터'를 합성하여 만든 말)라 부른다. 그루터는 부산 중구 보수동, 예전의 인쇄골목에 위치해 있다. 대지면적 200㎡ 미만의 작은 땅에 앉은 다소 오래된 건물이다. 1984년 신축해 사용하다 약 20년이 지난 지금은 청소년 문화공간으로 쓰이고 있다.

건축사사무소는 그루터를 리모델링하면서 아예 형태 디자인의 근본개념부터 바꾸었다. 디자인 개념은 겨울 숲의 재현, 아니 그것의 재현이라기보다도 추상에 더 가깝다. 이렇게 본다면 디자인 개념은 재현과 추상 사이에 존재한다고 보아야 할 것이다. 건물 표면의 아래쪽 목재 루버(폭이 좁은 판을 일정 간격을 두고 배열한 것)는 길이 약 3.4m, 건물 외부를 세포를 확대해 놓은 듯한 모습으로 감싸고 있는 상부의 알루미늄시트(불소수지코팅)는 길이가 약 6.8m다.

목재루버는 나무기둥들을 추상적으로 표현하고 알루미늄시트는 나무의 숲 부분을 추상적으로 해석한다. 목재루버의 위쪽으로는 흰색의 알루미늄시트와 갈색의 알루미늄시트가 중첩돼 있다. 마치 요즈음의 여성 패션이 중첩효과를 위해 옷들을 일부러 밖으로 내밀어 놓는 것처럼. 예를 들면 바지를 입고 짧은 미니스커트를 입는 식이다. 흰색과 갈색의 알루미늄시트가 포개지니 중첩의 효과로 창문까지의 깊이가 훨씬 더 깊어 보인다. 내부에서 외부를 보면 곡선형의 창 자체가 하나의 그림처럼 보인다. 특히 계단이나 경사로에 인접해 있는 알루미늄시트로 인해 현실이 왜곡되어 보인다(장자의 호접몽 우화처럼 현실이 왜곡인지 왜곡이 현실인지 알 수 없다). 알루미늄시트는 세상을 아름답게 조각내고 마치 종이 퍼즐처럼 끼워야 할 부분을 남겨두고 있

꽃중년 건축에서 겨울 숲 건축으로 |
부산 중구청소년문화의집

경사진 계단에서 건물 바깥을 보자 알루미늄시트에 의해 경관이 실제와 다르게 보인다.

다. 알루미늄시트의 구멍 부분은 또한 배경이 되어야 할 부분을 전경이 되게 만든다.

내부에서 볼 때 알루미늄시트의 구멍으로 인해 전경과 배경이 도치된다. 알루미늄시트의 구멍이 배경, 즉 주변을 건물 안으로 성큼 걸어 들어오게 만든다. 이웃이 더 가까이 다가와 보인다. 이웃과의 소통의 밑자리를 깐 셈이다. 또한 구멍 부분들의 나머지 부분이 실내의 그림자로 비칠 때 사람의 몸체의 그림자와 어우러지는 장관을 이룬다. 한편 외부에서 보면 내부를 가지와 줄기처럼 적당히 가리는 역할을 알루미늄시트가 수행한다. 구멍난 알루미늄시트는 가지와 줄기로 실내 프라이버시를 어느 정도 확보하면서 겨울 숲과 같은 역할을 한다.

삭막한 도시에 가지가 무성한 숲이

삭막한 도시에 이렇게 가지라도 무성한 숲이 있다는 것은 참으로 다행한 일이다. '이상도 해라 / 겨울 숲이 더 가득 차 있다니, / 앙상한 가지에 / 더 많은 것들이 달려 있다니, / 바위 같은 내 마음에 / 파고 들어와 / 드디어는 뿌리내려버린 / 저 뜨거운 핏줄의 겨울나무, / 빈 가지 벌려 / 텅 빈 마음 열어 / 바람소리 새소리 서리까지 / 차곡차곡 쟁이는구나, / 눈보라에 살 에이며/ 수액(樹液)으로 삭여내는구나,/… 내 삶은/…/옷 다 벗어버릴 수 있을까

서림, 「겨울 숲」

중구청소년문화의집은 도시 가운데 서서 겨울 숲 역할을 한다. 앙상한 가지에서 더 풍성한 것을 얻는다. 미니멀리즘도 아니고 그렇다고 추상도 아니고 더군다나 재현은 더욱 아니다. 그러나 알루미늄시트에 형성된 겨울 숲의 앙상한 가지와 같은 것들 속에는 주변의 모든 것들이 달려있다. 훌훌 다 털어버린 가지 사이에 우리는 주변의 각양각색의 것들이 매달려 있음을 본다. '진정한 꽃중년'의 건축이 되는 새로운 길은 잎을 훌훌 털어버리는 '겨울 숲' 건축이 되는 것이다. 그 건축이 모든 것을 버리고 앙상한 가지와 줄기만을 가질 때 주위의 풍경을 얻어낼 수 있다.

평면 역시 겨울 숲 같다. 면적에 비해 과다인 여러 가지 실(室)들이 겨울 숲의 앙상한 가지에 달린 것처럼 주렁주렁 달려있다. 출입구를 밀고 들어가면 자그마한 로비가 있고 오른쪽은 계단실이고 왼쪽은 열린 도서관이다. 기능도 참 명쾌하기도 하다. 북쪽의 일직선 계단이 상하의 수직교통을 분담하고, 여러 입주자들이 거쳐나가는 동안 아마 평면은 더욱더 기능적으로 되었을 것이다. 지하 1층에는 무용실, 라커룸, 창고가 있고 지상 1층에는 어린이 도서관과 열린 도서관이 있다. 북측 계단을 타고 지상 2층에 올라가면 인터넷 홀이 가운데 있고 좌측에는 창작공예실, 우측에는 사무실, 지상 3층에는 소강당과 동아리방, 옥상층 역시 앙상한 겨울 숲을 연상시키는 원형의 목구조물이 서 있다.

이 건축물의 계단실 크기의 반 정도와 정면도의 전체가 겨울 숲으로 상징된다. 누가 형태는 기능에 따른다고 했는가? 기능이 오히려 형태를 따르는 것처럼 보인다. 형태만 잘 형성되면 그 공간 안에 기능은 어찌해도 수용되기 마련이다. 하지만 이런 생각은 미()중년 혹은 꽃중년의 근원인 아이돌 세대의 생각이다. 기능에서 형태가, 형태에서 기능이 각각 나온다고 보아야 한다. 기능과 형태의 상호 주고받기 게임은 주변과의 조화 속에 이루어져야 한다.

1층이 어린이 도서관, 열린 도서관이다. 상당한 프라이버시를 요구하는 공간이다. 그것의 창에 목재루버를 설치한 것은 당연한 일이다. 창작공예실, 인터넷홀, 사무실도 어차피 프라이버시가 어느 정도 요구된다. 이런 내부적 조건에다 아무런 특색 없는 주위 여건이 무언가 상징적인 것을 갈구하는 듯하다. 나무 한 그루의 쉼터를 발견할 수 없는 곳에서 겨울 숲을 발견하는 것은 사막에서 오아시스를 발견하는 것과 유사하다.

진정한 꽃중년과 비움의 지향

'진정한 꽃중년'이 되는 길은 얼굴의 부분적 약점 보완으로 되지 않는다. 사회적 역할을 훌륭히 수행하는 데 꼭 필요한, 비우는 능력이 마비된 상태에서는 아무리 꽃중년이 되기 위해서 얼굴을 성형하고 초콜릿 복근을 만든다 할지라도 소용없다. 그런 일들을 하고자 하는 욕망을 비울 때 '겨울 숲'이 되는 것이다. 그래서 시인은 '빈 가지 벌려 / 텅 빈 마음 열어 / 바람 소리 새소리 서리까지 / 차곡차곡 쟁이는 구나'라고 읊는다. 비우는 능력을 회복하려면 '빈가지 벌려 / 텅 빈 마음 열어'야 한다. 내부계단을 지날 때나, 인터넷을 할 때나, 창작공예를 할 때나 이용자들은 주로 청소년들을 늘 느낄 것이다. 겨울 숲의 풍성함을(그러나 측면계단에서 겨울 숲이 단절되는 부분에서는 당혹감을 느낀다). 특히 숲이 귀한 부산, 이런 곳일수록 황폐함을 없애기 위해 실제로 숲을 심던지, 상상의 숲을 심어야 한다.

  도시의 좁은 주택가 사이에 서 있는 숲 하나. 이곳은 오로지 앙상한 가지와 줄기만이 있는 '겨울 숲'이다. 우리의 도시는, 우리의 건축은 언제쯤 옷 다 훌훌 벗어버릴 수 있을까? 옷을 훌훌 다 벗는 날. 꽃중년들은 '겨울 숲' 건축이 진정 그들만의 건축이 아님을 깨닫게 된다.

Story 6

어눌함의 참 서늘한 깊이
양산시 원동면 용당리 주택

건축가 김명건이 설계한 경남 양산시 원동면 요당리 주택의 전경. '유창하면서도 얕은 세상'에서 '어눌하면서도 서늘한 깊이'가 있는 건축적 특징을 품고 있다.

서림의 시 「내 사랑하는 국문학적 얼굴들」은 외모와 정신세계의 폭과 넓이는 반드시 서로 정비례하지 않음을 암시적으로 빗대고 있다.

> 내가 다닌 대학에는 많은/국문학적 얼굴들이 있다. 그중/국어학 교수 얼굴들이 흔한 가장/고상하고 원만하고 이른바 정품이다. 그다음/고전문학 교수 얼굴들이 약간은/축 늘어지거나 모가 나거나 /그렇게 조금씩 비뚤어 졌는데,/이것도 막말로 정품에서 그리 크게/벗어나지 않는다./…/
> 현대문학 교수 얼굴들은, 딱 깨놓고 말해서/이건 교수 얼굴이 아니다./짓눌려서 짜부라지고/…/
> 일그러지고 찌그러져, 이건 참말로 /영 교수 얼굴이 아니다./…/
> 짜부라진 현대문학적 얼굴들이/진짜 얼굴로 다가 오는 거 있지/나이 40 넘어서니까 그게 바로/ 내 얼굴인 거 있지, 막 껴안아주고 싶은 거 있지,/…/
> 그보다 더한 국문학적 얼굴이 있는 거 있지,/ 그게 박재삼이나 김수영 같은 얼굴인데,/중풍병에 걸려 손을 덜덜 떠는/ 말라비틀어진 명태 같은 박재삼 얼굴이나/내 시에조차도 침을 뱉아버릴 것 같은/독하기가 왜고추 같은 김수영 얼굴이/진짜 진짜, 진짜 얼굴로 다가오는 거 있지,/막, 눈물나게, 다가오는 거 있지.

평범한 시골집의 놀라운 오케스트라

시인은 나이 마흔 이후 사람을 보는 시각이 달라졌음을 밝힌다. 그 시각 덕에 그는 안과 밖이 모순된 국문학과 교수들을 발견했다. 그는 정품 같은 첫인상을 갖는 교수가 진짜 교수처럼 '보이고 있을 뿐'임을 에둘러 밝히고 있다. 진짜 교수처럼 보이지 않는 교수가 오히려 진짜 교수로서 시인을 감동시킴을 알 수 있다. 건축에서도, 시각이 달라짐에 따라 명품처럼 느껴지던 것이 보잘것없는 것으로 판명 날 경우 우리의 섭섭함을 말로 형용할 수 없다. 보잘것없는 것으로 간주했던 것이 명품으로 판정 났을 때 그 감격! 하물며 사람이 그렇게 될 때야말로 형용할 수 없으리라. 여기 그 감격이 있다.

얼핏 보면 보잘것없는 전형적인 시골이다. 아무것도 없는 것처럼 느껴진다. 자세히 보면 다른 세상이다. 대지는 다양한 지형적 층을 가진 곳이다. 서쪽을 보면 낙동강과 산들이 겹쳐내며 만드는 낙조가 아름다운 곳이다. 대지에 서면 멀리 낙동강 너머 김해의 산들, 강, 철로, 습지, 국도, 구릉지 등이 눈에 들어온다. 이런 다양한 요소들은 지도상의 등고선마냥 일정한 켜를 가지고 존재한다.

이것들은 거동하기 불편한 50대 초반, 미술을 전공한 부부에게 즐거움을 줄 수 있는 하나의 축복된 경관인 것처럼 보인다. 신체적으로 어눌한 그들에게 이런 다양한 요소들이 때에 따라 상상으로 경관상 오케스트라가 될 수도 있다. 실제로 부부는 몇 개씩 악기를 다룰 줄 알았다. 김해 산들 중 가장 큰 산이 지휘자가 된 이 오케스트라가 연주하는 상상적 관현악 뒤편에는 육체적으로 어눌한 50대 부부의 기억과 꿈이 뒤섞여 있었다. 관현악, 기억, 상상, 꿈이 어우러지는 곡은 도시에서는 도저히 들을 수 없는 아름다운 곡이었다. 대지와 주위가 시공간상으로 얼기설기 엮임으로써 어우러져 내는 소리는 말로 형용하기가 어려웠다. 비 오는 날에는 이러한 음들이 낙수줄에 끊임없이 녹아내렸다. 세계를 접하는 게 어려울 수밖에 없는 그들에게 낙수 소리는 바로 이 세계의 소리였다. 이 세계의 소리 뒤편에 부부의 신체상의 어눌함의 깊이가 붙어있었다. 그 어눌함으로 인해 아름다운 곡이 깊이감을 더했다.

김명건 건축가가 선물한 공간 삼중주

건축주 부부만을 위한 공간의 삼중주가 집안에서 들린다. 거실을 중심으로 한 하나의 켜, 출입구-현관-복도-중정(中庭·집안의 건물과 건물 사이에 있는 마당)으로 이어지는 하나의 켜, 침실-주방-식당-침실로 이어지는 또 하나의 켜, 달리 이야기하면 공적영역-중간영역-사적영역으로 결합된 공간의 3중주, 이것이 주택에서 삶의 리듬을 경쾌하게 해주는 요소다. 삶의 리듬을 경쾌하게 해주는 근본적 바탕은 바로 그들의 육체적 결함의 극복 후 경쾌감이었다. 그것은 어려움을 이겨낸 자만이 획득할 수 있는 것. 세계에 접촉하기 힘든 그들에게 부산의 건축가 김명건(다움건축 대표)은 세상의 각종 소리를 내는 여러 개의 악기를 선사했다. 중정이라는 타악기, 낙수줄이라는 금관악기, 데크라는 현악기. 건축가는 박재삼과 김수영의 정신세계 못지않은 것을 부부가 공유하고 있다고 믿었기 때문이다. 그러나 세상은 음악만으로 살 수 없는 법. 부부의 공적공간과 사적공간 사이의 동선과 공간의 활용방식에 대한 철두철미한 건축가의 분석이 뒤따랐다.

  이 건물은 크게 대지의 결에 따라 방문객들을 위한 공간과 부부만을 위한 공간이란 두 가지 상이한 성격의 매스(덩어리)로 나뉜다. 이 매스를 나누는 것은 커다란 노출콘크리트의 벽과 중정이다. 누마루와

유리를 통해 외부로 열려있는 전면 거실에 담기는 전경은 노출콘크리트 벽면에 의해 걸러져 후면의 주거공간에 삽입된다. 건물 앞에 펼쳐진 목가적인 풍경은 이 과정을 통해 비일상적 풍경으로 전환된다. 이런 비일상적 풍경을 시인 정현종은 「초록의 기쁨」에서 썼다.

> 해는 출렁거리는 빛으로/내려오며/제 빛에 겨워 흘러넘친다/모든 초록, 모든 꽃들의/왕관이 되어/자기의 왕관인 초록과 꽃들에게/웃는다, 비유의 아버지답게/초록의 샘답게/하늘의 푸른 넓이를 다해 웃는다/하늘 전체가 그냥 기쁨이며 신전(神殿)이다.
> 해여, 푸른하늘이여,/그 빛에, 그 공기에/취해 찰랑대는 자기의 즙에 겨운,/공중에 뜬 물인/나무가지들의 초록 기쁨이여/…/하늘의, 향기/나무들의 향기!

도심의 일상성 속에 있던 우리는 비일상적 풍경에 깜짝 놀란다. 일상성 속에 숨어있는 비일상적 풍경을 늘 놓치고 말기 때문이다. 일상

공적공간(거실)과 사적공간(침실)을 자연스럽게 나눠놓았다.

성은 우리의 몸처럼 투명하다. 공기와 같은 존재다. 그러나 다시 일상을 곰곰 생각하면, 즉 반성적 사고를 하면 일상성을 벗어나 비일상적인 것이 보인다. 노출콘크리트 벽을 기준으로 하여 좌측은 비일상적 공간형태이고 우측은 일상적인 형태다. 일상적 형태는 아무런 막힘을 주지 않는다. 비일상적 형태는 그것을 보는 시야나 촉감이 턱턱 막힌다. 한 번 더 생각하게 만든다.

시인 정현종의 「어눌의 푸른 그늘」

일상의 눈으로 보면 아무것도 아닌 것이 곰씹어 생각하게 됨에 따라 의미가 훨씬 깊어진다. 부부의 육체적 장애는 일상적 사고로 보면 기막힌 것이지만 곰곰이 생각을 하면 그들의 장애에서 역으로 '깊이와 넓이'를 발견한다. 시인 정현종은 「어눌의 푸른 그늘」에서 어눌 혹은 장애의 의미를 깨닫는 것을 다음과 같이 읊조린다.

예컨대 내 일터의 화원아저씨/화분을 갖다주면서/발음한 '난초'/어눌하기 짝이 없는 그 '난초' 속에서 순간/서늘하게 밝은 세상,/며칠 있다가 화초가 잘 자라는지 보러/씩 웃으면 들어오던/웃음의 그 깨끗한 빛,/어눌의 참 서늘한 깊이/그 푸른 그늘 아래 내 마음 쉬느니.

 이 주택에서 우리는 "어눌함의 참 서늘한 깊이."를 발견한다. 건축가는 일상을 곱씹어 다시 생각하는 비일상적 사고를 통해 '어눌함의 참 서늘한 깊이'를 거동이 불편한 부부로부터 눈치로 알아냈다. 그는 '어눌함의 참 서늘한 깊이'를 차용하여 주택설계 원리로 전환시킨다.
 이 주택은 일상성으로 처리된 사적인 공간과 비일상적으로 처리된 공적인 공간으로 구성된다. 여기서 건축가의 예리한 통찰력이 발동한다. '어눌하면서 참 서늘한 깊이'를 어떻게 풀어내는가 하는 것이 건축물의 초점이다. 건축가의 창조적 일이란 '유창하면서도 어떤 깊이도 갖지 않는 세상'에 '어눌하면서 참 서늘한 깊이'를 갖게 하는 것이다. 이 건축물에서 좌측은 노출콘크리트 벽과 대조적으로 시멘트모르타르 마감을 했으므로 참으로 어눌하다. 슬라브도 좌측은 V형도 아닌 것이 평평한 것도 아닌 것이 어눌하기 짝이 없다. 노출콘크리트 벽의 우측은 상대적으로 유창하면서 깊이가 없다. '유창하면서 미지근한 얕음'과 '어눌하면서 참 서늘한 깊이'가 상호 짜깁기가 되어 있는 건축물이다. 졸박미(拙樸美)는 바로 '어눌하면서 참 서늘한 깊이'에서 나오는 것은 아닐까. 김명건의 건축언어는 주로 노출콘크리트 벽을 사용한 촉각적인 것이 주였는데 '어눌하면서 참 서늘한 깊이'가 첨가되었다. 건축가의 어눌하면서 참 서늘한 깊이가 일시적 현상인지, 더욱 깊어질지 귀추(歸趨)가 주목된다.

부산의 경관이 살아 숨 쉬려면

지금 부산도시·건축계의 화두는 단연코 '경관'이다. 왜 경관이 부산도시·건축계의 화두가 되었는가. 여러 가지의 이유가 있겠지만 근원적인 것은 시민의식의 선진화로 시민의 심미안이 부분적이고 분석적 패러다임에서 전체적, 종합적인 패러다임으로 전환되고 있기 때문일 것이다. 이는 시민들의 시야가 넓고 깊어지고 있음을 의미한다.

경관이란 한마디로 요약하면 '눈에 뜨이는 경치의 특색'이다. 풍경과 지역민이 융해된 지역적 아이덴티티를 의미한다. 즉, 경치(산이나 들, 강, 바다 따위의 자연이나 지역) 혹은 풍경(경치 혹은 어떤 정경이나 상황)에 지역민의 특별한 색깔이 부여된 것이 경관이다. 이는 결코 화려함이나 휘황찬란함의 겉모습이 아니라 경치가 지니는 지역의 체취, 즉 지역성의 표현을 뜻한다.

이런 의미에서 보면 부산은 경치나 풍경은 있으나 경관은 거의 없다고 볼 수 있다. 부산의 체취가 느껴지는 경관은 거의 전무하다시피 하므로 '부산성' '부산다운 건축' 등의 문제는 결국 경치나 풍경으로서의 부산을 경관으로서의 부산으로 만들어내는 데 그 해결점이 있다.

그럼 부산시민이 부산의 경관을 구축하기 위해 어떻게 해야 할까. 풍경이나 경치로 남아 있는 도시건축을 부산의 경관으로 탈바꿈시켜야 한다. 결국은 부산시민이 풍경이나 경치 아래의 오덕(五德)을 베푸는 방법 외에는 없다. 부산시민이 조경, 건축, 도시를 통해 하나둘씩 우리 주위 풍경들에 오덕을 베푸는 사이에 부산의 것들이 하나둘씩 '부산다운 도시 건축'으로 전환될 것이다.

된장이 쓰이는 용도와 맛에 다음과 같은 오덕이 있다. 다른 맛과 섞여도 제 맛을 잃지 않아 단심(丹心), 오래 두어도 변질되지 않아 항심(恒心), 비리고 기름진 냄새를 제거해 줌으로써 불심(佛心), 매운 맛을 부드럽게 해주므로 선심(善心), 어떤 음식과도 잘 조화되므로 화심(和心)

에 대한 지혜이기도 하다.

  가치중립적인 콩을 인간의 가치관으로 채색할 때 된장은 덕을 갖추고 베푸는 된장이 된다. 인간의 덕이 된장에 버무려진 것이다. 이와 같이 인간이 가치중립적인 풍경에다 오덕이라는 자신의 가치관으로 물들이면 경관이 된다. 의식주(依食住)가 곧 삶이라면 식(食)의 오덕은 당연히 주(住)에 대한 지혜이기도 하다.

  부산시민들이여! 풍경에 다음의 오덕을 부여하여 경관으로 전환시키자.

  첫째, 부산의 풍경에 단심을 주자. 부산시민들은 풍경이 적어도 다른 것들 속에서 자신의 정체성을 지닐 수 있도록 해야 한다. 크게는 부산은 부산으로서, 작게는 해운대는 해운대로서, 광안리는 광안리로서 말이다.

  둘째, 부산의 풍경에 항심을 부여하자. 항심을 바탕으로 오덕을 지니게 되면 부산의 경관은 세대를 통해 재생되는 지속가능성, 곧 부산의 전통인 부산성을 드러내는 것이 가능해진다.

  셋째, 부산시민이 풍경에 불심을 베풀도록 해야 한다. 시민 일부가 자아도취되어 풍경에 드러냈던 탐심을 부끄럽게 여기도록 하자. 풍경에 자신만 드러내기 위해 아귀다툼을 벌이는 건물 주위의 간판들을 보라. 또한 층수 다툼을 하는 초고층 빌딩들을 보라. 비리고 기름진 탐심 외에 무엇이 있을까. 이제는 그런 행동들이 덕 없음을 한탄하게 해야 한다.

  넷째, 부산시민이 풍경에 선심을 베풀어야 한다. 이로 인해 적어도 주위의 경치나 풍경의 매서운 맛(인간부재의 삭막한 맛)이 부드럽게 될 것이다. 인간부재의 삭막한, 덕이 없는 아파트 단지가 부산풍경의 주된 요소임을 기억하자.

마지막으로 부산시민은 풍경에 화심을 베풀도록 하자. 강, 바다, 산 등 자연물의 풍경에 화심의 덕을 베풀면 부산의 어떤 것과도 잘 어울리게 될 것이다. 자연물과 절묘하게 합일한 조경과 건축들은 화심으로 인해 생긴 풍경이다. 주위와 덕을 나누지 않는 '나 홀로'로서의 다리, 육교, 도시구조물, 터널, 건물 등을 지어 풍경이나 경치를 구성하는 패러다임에서 벗어나자.

부산의 경관을 조성하기 위해서는 삶의 지혜로부터 솟아나는 오덕을 베푸는 '삶의 도시건축'을 구축할 때가 도래했다. 모두에 언급한 것처럼 이제 부산시민의 심미안이 더 넓고 깊어졌기 때문이다.

Story 7

건축에서 죽은 은유와 살아있는 은유
푸른솔경로당

부산 남구 문현3동 푸른솔경로당. 건축가 조서영이 우리 전통예술인 조각보를 원용하여 설계했다. 보기에도 산뜻하고 정겹다.

 니체는 은유에 "죽은 은유."와 "살아있는 은유."가 있다고 주장했다. 죽은 은유란 너무 오래되어 식상해진, 수명이 다한 은유를 이야기하고 살아있는 은유는 세상에 나온 지 얼마 되지 않아 싱싱하고 풋풋한 맛을 지닌 은유를 말한다. 먼저 가수 심수봉의 노래 「남자는 배 여자는 항구」의 가사를 보자. "언제나 찾아오는/부두의 이별이/…/눈앞에 바다를 핑계로 헤어지나/남자는 배 여자는 항구." 남자는 다른 항구로 떠나야하므로 여자와 헤어져야만 한다. 이 가사도 처음에는 살아있는 은유였다. 대중가요의 되풀이되는 속성으로 인해 남자는 배, 여자는 항구라는 공식을 만들어냄으로써 이 가사는 말하자면 죽은 은유가 되었다.
 서림은 그의 시 「독한 꽃」에서 읊조린다.

 이 도시에서/그녀에게 시는/ 푸른 숲이다. 이슬방울 맺히는/…/그녀에게 시는/ 둥글고 부드러운 빵이다. 폭신폭신한 이불이다/발기한 남근이다/무기이다. 약이다. 술이다/그녀는 시로 숨을 쉰다./…/
 한밤중 詩의 살을 뜯어먹는다./머리통부터 발바닥까지/부스러기 남김없이 아작아작 씹어/배를 채운다. 먹어도 먹어도/금새 허기지는 배를 달랜다. 속인다./詩로 덮고 잔다./그녀는 詩로 오르가즘에 오른다./…/
 그녀에게 詩는 황산같은/시어머니 학대에 저항하는 무기./미친

듯 불뿜는 자동소총이다./싯퍼렇게 벼린 식칼이다. 마마보이/남편과의 불화를 견디는/신경안정제이다. 쎄고 쎈 양주이다./중년의 골수 파고드는 허무의 늪/건너가는 조각배이다. 노도 돛도 없는/가랑잎 배이다. 꿈이 없어/싸나운 꿈자리로 하얗게 설치는/그녀에게, 詩는 독한 수면제이다./싸나운 꿈을 먹고 피는/독한 꽃이다.

이 시(詩)에서 은유는 싱싱하고 풋풋하고 생기 넘친다. 살아있는 은유가 북적거린다. 몇 개 예를 들어보자. 그녀에게 시(詩)는 "둥글고 부드러운 빵이다. 푹신푹신한 이불이다." 시(詩)의 부드러움에 대한 생생한 은유다. 그러다 다시 시(詩)는 "발기한 남근이다 무기이다."로 강함을 은유적으로 표현한다. 서림의 「독한 꽃」에서 우리는 다양한 종류의 살아있는 은유를 체험할 수 있다.

기존 범위 넘어서는 상상이 필요

그럼 은유의 건축적 사례를 보자. 부산의 경우, 은유적으로 부산을 빗대는 것이 파도, 바람, 갈매기, 푸른색, 배 등이다. 한의원 라나베(푸른 바다 위 은빛 배 이미지), 부산전시컨벤션센터(배 이미지), 남구 문현동 시티플라자(바람 이미지), 노보텔앰배서더부산(파도 이미지의 푸른색), 자갈치시장(갈매기). 물론 이들은 부산이라는 역동적 움직임의 세계를 고착화시켜 재현(갈매기의 모습) 또는 추상(갈매기의 추상)으로 전환시킨 것들이다.

재현이 건축적으로 전환된 경우, 이를 재현적으로 표현할 수 있고 재현을 추상화시켜 표현할 수도 있다. 재현으로나 재현의 추상으로 건축물에 표출되면서 은유가 된다. 대부분 사람들은 이 경우 죽

은 은유로 본다. 재현이나 재현의 추상이 건축과 결합하여 은유가 될 경우 당연히 죽은 은유로 볼 수 있다. 그러나 재현이나 추상 속에 건축가의 의도나 새로운 정서가 개입되어 있으면 살아있는 은유로 볼 수 있다. 의도나 정서가 개입해 재현이나 추상을 새롭게 해석하기 때문이다.

  건축은 일반 언어와 달라서 그 언어가 진부하게 되었을지라도 어떤 방식으로 재현하는가에 혹은 추상화시키는가에 따라 달라진다.

  예를 들어 파도를 건물에 은유적으로 표현할 때, 재현적 방식에 따르면 파도를 사실적으로 묘사하게 되는데, 이는 진부한 혹은 죽은 은유로 볼 수 있으나 건축가의 의도나 우리 전통의 새로운 정서를 표현할 경우 살아있는 은유라고 할 수 있다.

다음으로 논의할 점은 건축에서 은유의 범위가 어디까지인가 하는 것이다. 서림의 「독한 꽃」에서 시(詩)에 대한 정의가 많이 등장한다. 정의란 곧 은유다. 시는 푸른 숲, 빵, 이불, 남근, 무기, 약, 술 등이다. 다시 말해 시에 대한 정의는 무한대이다. 흔히 말하는 것처럼 건축이 시라면 건축에 대한 정의도 시에 대한 정의만큼이나 많을 수 있다. 그렇다면 위의 시에서 시 대신에 건축을 집어넣어도 될 법하다. 이렇게 정의한다면 이 세상 모든 것들이 시나 건축이 될 수 있다는 것이다. 신경안정제, 양주 등도 시가 될 수 있는데, 그것들이 건축이 되지 말란 법도 없다. 전형적 건축물만 건축으로 간주해오던 우리에게 이 점은 큰 충격을 준다. 건축이 수면제도, 독한 꽃도 될 수 있음은 기존의 건축적 범위를 훨씬 넘어서는 것이다. 우리 건축가에게 필요한 것은 바로 기존의 건축적 범위를 넘어서는 상상이다.

전통예술 조각보를 건물에 입혀

사회가 만들어 놓은 집단적 결정에 얽매여 개개인의 개성을 놓쳐버리고 마는 경우가 얼마나 흔한가? 건축, 우리는 그것을 얼마나 좁게 해석해 왔나? 거리를 나가보라. 비슷비슷한 건물이 줄을 이루고 있다. 명백한 상상력 부족이다. 양주와 건축, 신경안정제와 건축, 수면제와 건축, '그들 사이에 도대체 무슨 관련성이 있는가'라는 의문의 시대가 지나갔다. 건축이 양주가 되고, 신경안정제가 되고 수면제가 되는 그런 시대에 이제는 도달했음을 감지한다. 가령 건축이 신경안정제라면 건축이 형태상으로 신경안정제에서 유추되고 기능적으로 신경안정제의 역할을 할 수 있도록 설계하면 된다. 이 경우 건축가의 의도나 정서가 들어가면 명백히 살아있는 은유다. 이제 구체적인 작품으로 설명해보자.

　최근 우리 것에 관한 은유적 작품으로 주목할 만한 것이 부산 건축에 나타났다. 건축에서의 '조각보'의 재현이다. 이 점에서 조서영(서원건축사사무소 대표)은 주목해야 할 건축가다. 조각보는 대체 무엇인가?

'조각보는 상보, 옷보, 예술보 등이 있다. 조각보는 옛날 서민들이 쓰다 남은 천을 조각조각 이어 촘촘히 바느질하여 만든 것으로 조상들의 생활의 지혜를 엿볼 수 있으며 세련되면서도 색색이 조화를 이뤄낸 예술적 기량을 동시에 느낄 수 있다…

인터넷 백과사전에서

건축가 조서영의 조각보 작업은 아직 시작단계에 불과해 1회성 사건으로 끝날지는 알 수 없다. 우리 건축의 문제는 이 조각보를 건축에서 여태 다시 활성화하고 있지 못하고 있다는 점이다. 서구의 몬드리안이나 클레 등의 회화작품과 일견 유사한 것처럼 보이지만 100여 년 앞서 제작된 우리의 조각보가 색채구성이 보다 자유롭고 순수하다. 이미 100여 년 전에 몬드리안, 클레를 앞서갔던 우리 선조의 피는 다 어디에 갔는가? 우리 전통을 귀하게 생각하고 잠재되어 있는 것을 끄집어내 현대에 맞게끔 다시 활성화하여야 한다. "될 성 부른 나무는 떡잎부터 안다."는 경구를 다시 생각해볼 필요가 있다. 떡잎을 자세히 들여다 보면 나무의 과거-현재-미래를 볼 수 있다는 말이다.

건축가 조서영의 돋보이는 상상력

고건축을 유심히 보면 우리 전통건축의 과거-현재-미래가 보인다는 말로 바꿔도 무방하리라. 예민하고 상상력 있는 관찰이야말로 전통을 다시 활성화시키는 첩경. 이런 의미에서 비록 조각보를 건축에 재현시킨 것에 불과하지만 건축은 '조각보'라는 은유를 사용했음에 주목할 필요가 있다. 이웃의 각종 알록달록한 색깔로부터 조각보를 생각해낸 건축가의 상상력이 돋보인다. 경로당의 할머니들이 할아버지들을 위해 밥상을 차려놓고 조각보로 덮고 기다리는 것도 동시에 생각했단다.

 이 경로당은 상당한 쾌적감이 있다. 노인들이 지내기엔 딱 적당한 공간이다. 이러한 쾌적감에 더하여 창조적 쾌감이 있어야 한다. 창조적 쾌감은 살아있는 은유에서 일어난다. 이 작업 하나로는 그녀의 의도 파악이 어렵다. 향후 조각보를 모티브로 한 일련의 작업들 속에서 건축가의 의도성이 발견되어야 하기 때문이다. 단지 이것 하나로만 보면 건축가 조서영은 적어도 상상력만은 어떤 건축가에게도 밀리지 않는 것처럼 보인다. 그녀의 조각보의 건축적 재현이 과연 우리 전통 정서의 재창조적 반영이라 볼 수 있을까? 건축가가 조각보의 패턴을 연구하면서 평면, 형태, 매스 배열 등에의 적용 및 주변성의 반영에 지속적이면서 창조적인 모습을 보인다면 그녀의 은유는 분명히 의도나 정서가 들어가 살아있는 것이 될 것이다. 지금의 단계에서는 건축가 조서영의 '건축은 조각보다'라는 전제만은 확실히 살아있는 은유다.

Story 8

일상과 비일상, 마주 보다
부산글로벌빌리지

> 휴게동에서 쳐다본 부산시 부산진구 부전동 부산글로벌빌리지 전경. 오른쪽 서구 신고전주의풍 건물이 체험학습동이며 왼쪽 현대식 건물은 행정동이다.

부산시에서 행한 공개건축설계경기에 당선작으로 뽑힌, 건축가 정태복(부산건축 종합건축사사무소)이 설계한 부산 부산진구 부전동 부산글로벌빌리지(www.bgv.go.kr)는 부산시와 부산시교육청이 영어교육에 대한 공교육의 한계 보완과 사교육비 부담 경감을 통한 교육도시로서 경쟁력 제고, 세계 시민으로서 부산 시민의 감각 함양을 위해 공동출자하여 건립했다.

　주중 교육프로그램은 부산시 산하 초등학교 6학년 및 중등학교 1, 2학년을 대상으로 한 2박3일 체험영어교육이 있다. 원어민교사 접촉과 다양한 시설에서 생활영어 체험, 간접적인 영어권 문화 체험 등으로 영어에 대한 두려움을 해소하고 흥미와 자신감을 부여하는 데 주요 목적이 있다.

　우리의 모국어가 일상어이라면 영어는 우리에게는 비일상어이다. 영어를 배운다는 것의 궁극적 목표는 비일상적 언어를 일상적 언어로 전환시키기는 것이다. 국어, 영어, 학습자의 듣기·쓰기·읽기가 상호관입하여 이 삼 자가 투명하게 한 덩어리가 되고 영어가 더 이상 비일상어가 아님을 드러낼 때 영어교육은 완성이 되는 것이다.

건축가 정태복의 의중은

그러나 인간은 일상에 쉽게 빠져버리는 망각의 동물이다. 정현종의 시 「보이지 않는 세상」에서처럼 '세상에 들어서자 금방' 망각하게 되면 영어교육은 실패다.

> 관악산에 가서 아들과/ 잠자리를 잡다가/ 너무 세게 잡아 그 자리에서/ 죽인 잠자리
> 산을 내려오는 동안 줄곧/ 나를 따라오던 그/ 죽은 잠자리,/ 세상에 들어서자 금방/ 안 보이는/ 그 잠자리
> 보이지 않는 세상'.

죽인 잠자리에 대해 곰곰이 생각하다가 세상에 들어서자 곧 일상성으로 돌아가고 마는 시인은 자신의 마음에 대해 아쉬워하는 듯하다. 곰곰이 생각하는 것은 비일상적이다. 비일상의 낯섦을 만나면 상기의 시처럼 곧 일상으로 돌아가는 것이 인지상정(人之常情)이다. 이와 같이 인지상정에 맡겨두는 한 영어를 모국어처럼 하기는 불가능하다. 영어를 일상어로 전환시키기 위해 일단 일상어인 모국어사용권으로부터 분리시켜 교육하는 것이 최선이다.

이런 상황에서는 영어교육을 위한 체험학습동과 우리나라의 일상을 이격시키는 것이 바람직하다. 그 이유란 다름 아닌 영어라는 비일상어를 일상어로 만들기 위해서다. 그렇게 하려면 학습자를 영어를 일상어로 하는 공간에 고립화시켜 그 언어를 체득케 하는 것이다. 이렇게 본다면 부산글로벌빌리지의 체험학습동이 서구의 신고전주의풍 건축이고 이를 숲과 한국 현대건축양식인 행정동들이 둘러싸고 있다는 것은 바람직한 일이다. 가능한 한 우리의 일상과 이격시키면 심리적으로 효과를 볼 것이므로. 이것이 주된 설계개념이다.

비일상어인 영어를 사용하는 구역은 가능하면 고립화시키고 일상어인 국어를 사용하는 곳인 행정동들은 북쪽과 서쪽의 대로변의 맥

락에 맞춘 듯하다. 북쪽을 면하고 있는 행정동이나 서쪽을 면한 행정동은 그야말로 일상의 일상이다. 바깥에서는 신고전주의 풍의 체험학습동이 보이질 않는다. 비일상은 보이지 않는다. 행정동에서 수속을 밟고 연결복도를 들어서면 그때가 되어서야 낯섦의 공간에 들어왔음을 안다. 흡사 한국을 떠나 미국의 공항에 기대감을 갖고 들어서는 것 같은 심정일 게다.

전이공간을 통해 심리적 안정감 도모

체험학습동으로 가기 위해 연결복도로 접근하는 방법과 외부에서 접근하는 방법, 즉 두 가지 접근법이 있다. 연결복도 약 80m를 걷게 되면 중간계단의 홀이 나타나고 여기서 약 60m를 더 가면 로비가 나타난다. 여기서부터 체험학습동이다. 40~50m 우측으로 꺾어 가면 출국장, 입국장, 항공기, 티켓팅 카운터, 공항안내소가 나타난다. 출입국과 비행기 이용에 관련된 영어를 익히는 곳이다. 외부에서 접근하는 방법도 있다. 연결복도 아래를 지나 체스광장~스퀘어가든~로비를 통해 그곳에 갈 수 있다. 체험학습동으로 가는 연결복도나 광장들은 언어, 생활습관 등에서 비일상을 일상으로 사용해야 하는 심리적 부담감을 경감시켜주는 전이공간 역할을 한다.

2층에는 은행, 호텔, 병원, 경찰서, 우체국, 약국 등 일상생활체험을 하는 곳이 몰려있다. 3층은 학습실, 음악실, 아트룸, 도서실 등 학습과 배움의 장이다. 4층에는 한국, 영국, 호주, 캐나다, 미국문화원과 강의실 및 교사실이 있다.

행정동 1층은 출입구 왼편에 각종 설비기계실이 있고 우측에 주차장과 홍보전시실이 있다. 2층은 출입구 왼편에 각종 설비기계실의 상부가 있고 오른편에는 식당과 주방, 안내실이 주류를 이룬다. 3층은 강의실과 미디어스페이스, 대회의실이 있다. 4층은 사무실, 회의실, 대회의실 상부 등이 있다. 5층은 도서실과 영사실 등이다.

체험학습동의 시계탑은 거의 보이지 않는다. 외부에서 보면 미스터리한 공간이다. 체험학습동은 숲과 행정동들로 북쪽과 서쪽에 거의 둘러싸여 건물 자체가 잘 안 보인다. 북쪽 행정동과 서쪽 행정동은 디자인상 격차가 많이 있는 듯하다. 북쪽의 디자인이 서측에 비해 우수하다. 이들 간의 격차가 해소되었더라면 좋았을 것이다. 이들 간의 격차는 일상성을 해친다. 체험학습동으로 가는 통로는 그것의 출입구에서 보면 일종의 전이공간이다. 연결복도에 학습체험장과 같은 건축언어를 사용함으로써 사용자에게 그것의 존재를 알리면서 심리적으로도 준비할 수 있는 기회를 준다. 또한 스퀘어가든, 체스광장 등의 긴 과정적 공간은 사용자의 심리 안정에 상당한 역할을 한다.

건축환경은 학습동기에 영향을 끼친다

외국어를 일상어로 전환시킨다는 것은 우선 외국인과 친해져야 한다는 이야기이기도 하다. 시인 정현종은 "다른 나라 사람."에 대하여 이렇게 말한다. 다른 나라 사람에 대해 이런 식으로 이해하는 것이 비일상어를 일상어로 바꾸는데 최선의 방법 중 하나다. 다른 나라 사람에 대한 신선함이 바로 그 사람의 언어에 대한 신선함과 연결된다.

부산글로벌빌리지 전경. 현대 양식의 행정동과 숲이 서구 신고전주의 양식의 체험학습동을 둘러싼다.

우리나라에서 다른 나라 사람 보는 건/얼마나 신선한지요/ 검거나 희거나 흑백 반반이거나/다른 피부색 다른 생김새를 보는 건/ 얼마나 신선한지요/ 다른 눈동자, 다른 머리색/이국의 말소리/몸집과 표정과 걸음걸이/내 마음을 물들이는/나그네의 공기,/그 나그네들은 참 새로워/나는 기분이 여간 좋은 게 아닙니다/ 몸 속에 무슨 청풍이 이는 듯/남몰래 즐겁습니다/…/
우리나라에서 다른 나라 사람 보는 건/ 얼마나 신선한 일인지요!

다른 나라에서 온, 다른 언어를 사용하는 사람은 우리에게는 참으로 새롭고 신선하다. 일상이란 이름 아래 매너리즘 혹은 습관에 빠진 우리 자신들을 되짚어보게 한다. 외국어를 배우는 여러 가지 목적 중 하나가 외국인이란 거울을 통해 우리를 보는 것이고 이를 통해 우리가 얼마나 습관적으로 살아가는지 확인할 수도 있다. 일상을 곰곰이 생각해봄으로써 비일상에 대한 체험을 하게 되면 다시 일상이 새로워진다. 비일상어는 일상어에 새로움을 가져다준다. 오랜 기간 영어를 쓰다가 한글을 다시 사용할 경우, 한글이 새롭게 느껴지는 사례처럼 말이다. 신고전주의풍인 체험학습동과 현대건축풍인 행정동들이 서로 비일상과 일상의 관계를 갖도록 함으로써, 즉 낯섦이 지속됨으로써 영어에 대한 학습동기가 유발될 것이다. 학습동기란 심리적인 환경뿐만 아니라 건축적 환경에도 강한 영향을 받는다.

체험학습동이 숲으로 둘러싸여 비일상적 공간임을 예감케 한다. 일상적 공간화가 이루어져야 할 곳임을 알려준다. 그런 점에서 행정동을 현대건축풍으로 하고 체험학습동을 신고전주의풍으로 한 것과 그 둘의 건축적 격리는 탁월한 선택이다. 일상과 비일상의 틈을 건축스타일로서 확연하게 줌으로써 학습자가 무의식적으로 극복하여야 할 대상의 존재감을 확인할 것이다. 건축스타일의 차이라는 물리적 장애를 극복하고 일상과 비일상의 틈이 완전히 소거되는 날을 기대해본다. 신고전주의풍의 건축과 행정동의 현대건축이 하나로 통합되어 보이게 되는 날이 바로 한국어, 영어, 학습자가 하나로 묶어지는 날이자, 영어의 일상화가 가능한 날이 아닐까?

Coffee Break
혁신의 바람, 부산 도시건축에까지 불어오려면

혁신! 말로만 화두인 시대이다. 말로는 혁신하면서 행동은 구태 그대로다. 정치, 경제, 사회, 예술 등의 분야에서 혁신의 바람이 계속 불고 있다. 대기업 구조조정, 혁신도시개발, 공무원 인원수 감축, 국립대학교의 통폐합과 법인화 등은 다 그 바람일 게다. 혁신의 바람이 본격적으로 불기 시작한 것은 1997년 IMF사태 이후다. 10여 년의 기간이 지나 혁신이 습관화된 듯하다.

   건축계에서도 혁신의 바람이 불고 있다. 대한건축학회, 한국건축가협회, 대한건축사협회를 통합하려는 움직임이 그것이다. 이참에 그런 외부적인 문제를 떠나 개인이나 기관 자신은 스스로에게 혁신의 바람을 진정으로 불러일으키고 있는지 점검해볼 필요가 있다. 혁신이 습관적인가 아니면 변화와 새로움을 갈구해서인가. 자신의 시선을 고정화시켜 앞으로만 보려고 하지 말고 열린 시선으로 주위의 변화와 새로움을 온몸으로 흡입해 보자. 세상을 꽉 닫힌 단답형 시각으로 보지 말고 활짝 열린 논술형 시각으로 보자. 세상이 변화와 새로움으로 가득 찰 것이다. 단답형 시선에서 발견할 수 없는 것들이 눈에 보이기 시작할 것이다. 부산건축계에 당면과제로 떠오르고 있는 부산의 색깔은 무엇인가. '부산다운 건축상賞'은 이대로 할 것인가. 옛 하얄리아 캠프는 어떻게 할 것인가 등의 문제에 답이 보이기 시작할 것이다.

   부산의 색깔이 점점 다양해질 모양이다. 최근 개최된 경관색채 공청회에서 부산을 산지경관, 수변공간, 시가지공간으로 나누고 각 지역에 맞는 주조색, 보조색, 강조색을 선정했다. 전에는 단순한 단답형이었다면 지금은 복잡한 단답형이다. 부산이라는 거대도시를 어떤 방식으로 조사했는지 모르겠지만 단답형으로 조사한 설문지를 근거로 단답형의 색들을 추출한 것은 한두 가지 색보다 진일보한 것이다. 그러나 그것은 마치 각양각색의 복잡한 형체를 몇 개의 모양과 색으로 표시하는 것과 같다. 도시의 색깔은 창의적이어야 한다. 그럼에도 도시를 특정 색깔들로 못 박고 있다. 살아있는 도시를 죽이는 행위이다. 색상의 느낌이나 의미는 맥락에 좌우된다. 맥락에 따라서 붉은 색이 공포의 색이 되었다가 사랑의 색으로 바뀐다. 기존처럼 건물을 설계한 건축가가 색깔을 선정하게 하라. 설계한 집을 누구보다 잘 아는 건축가가 맥락에 맞게 색을 선정할 것이 아닌가. 이후 색상이 잘 칠해진 구역이나 지역을 선정해 '부산다운 색깔지역'으로 선정하고 관광구역으로 지정하면 지금보다 훨씬 나은 길이 아닌지 모르겠다.

　'부산다운 건축'도 마찬가지다. 부산다운 건축에 대상을 수여한다는 것은 적어도 맥락 없이 그런 유형의 건축을 지으라고 묵시적으로 권고하는 것과 같다. 이런 단답형 사고 또한 도시를 특정 형태로 고착화하는 행위이다. 특정 형태를 벗어나기 위해서는 맥락별로 수십 가지 유형의 부산다운 건축을 선발하여 대상, 금상, 은상, 동상 등을 매기는 대신에 이러이러한 점이 부산답다는 전문가의 코멘트를 달게 한다면 이 또한 부산의 미적자원이나 관광자원이 되지 않겠는가. 그럴 때 부산다운 건축은 다채로워질 것이다. '부산다운 건축상'의 목적이 부산다운 건축을 다양하게 창조적으로 양산하기 위한 의도에 있다면 대상 또는 금, 은, 동상은 별 의미가 없다.

　옛 하얄리아 캠프 개발안도 다시 생각해 볼 문제이다. 지금의 제임스 코너안(案)은 그냥 공원이다. 그것도 뉴욕, 런던, 파리 등에 위치해 있기에 적합한 공원이다. 우리가 단답형의 시각에서 벗어난다면 그 계획안은 부산의 한가운데에 위치할 공원이 아니라는 점을 이내 알게 된다. 주위와의 연계 즉 성지곡수원지, 어린이대공원, 국립국악원, 부전역 등 심지어 북항재개발까지도 고려했어야 했다. 그는 그 땅에 대해 너무 모르고 있는 것 같다. 그리고 부산에서 공원이 무엇이 되어야 하는가에 대해 깊이 생각하지 않은 것 같다. 도심형의 공원에 대한 창의적 논술적 사고가 요구된다. 도시에 딸린 것이 공원이라는 단답형의 틀을 깨자. 도시 중심부로서 무엇인가 할 수 있는 공원이 되도록 해야 할 것이다.

혁신이란 단어를 이제는 아예 습관적으로 입에 달고들 다닌다. 입으로만 혁신이다. 진정한 혁신은 변화와 새로움을 가져온다. 진정한 혁신을 위해 부산의 도시건축 문제를 단답식으로 풀지 말고 전후좌우를 숙고하는 논술식으로 풀자.

Story 9

교회는 하나님 말씀과 몸의 형상화
해운대 온누리교회

우뚝 솟은 직사각형의 십자가탑은 예수그리스도의 희생과 하나님의 계명과 구원의 길을 떠올리게 한다. 본당 건물은 사랑과 계명으로 세상과 세월을 감싸안은 형국이다.

온누리교회로 가는 도중 필자는 깊은 상념에 잠겼다. 교회란 곳에 나가본 지 꽤나 오래되었다. 가만히 눈을 감고 세어보니 15년은 족히 되겠구나. 이런 생각을 하다가 해운대 온누리교회를 바라보는 순간 찬송가가 필자도 모르게 흥얼거려졌다.

하늘 가는 밝은 길이'이었다. "하늘 가는 밝은 길이/ 내 앞에 있으니/ 슬픈 일을 많이 보고/ 늘 고생하여도/ 하늘 영광 밝음이 어둔 그늘 헤치니/ 예수 공로 의지하여/ 항상 빛을 보도다.

필자의 흥얼거림 속에 교회가 보인다. 정말 그랬다. 필자가 흥얼거린 찬송가 속에 해운대 온누리교회 새 성전의 모습 같은 것이 들어있었다. 정말 하늘 가는 밝은 길이 내 눈앞에 펼쳐졌다. 처음 시작은 보잘것없었다. 노출콘크리트의 십자가탑 왼쪽 벽과 교회 벽 사이의 좁은 길을 지나갈 때 "부자가 천국을 가기는 낙타가 바늘귀에 들어가기보다 어렵다."는 성경구절이 생각났다. 감으면서 오르는 하늘 길은 마치 삶의 고비 고비를 연상시킨다. 한 번씩 감길 때마다, 즉 인생의 전환점마다 '하늘 영광 밝음이 어둔 그늘 헤친다'. 이는 전적으로 예수그리스도의 십자가의 보혈 덕택이다. 십자가탑의 반듯함과 대조적으로 땅의 형태는 '그 세월만큼이나 많은 대지 각을 가지고 있다'.

하나님의 계명과 사랑

성경적으로, 건축설계의 핵심은 거듭남이리라. 대지의 형태를 솔직히 받아들이고 기존 개념의 잘못을 인식·반성한 후 그것을 훌훌 털고 대지를 창의적으로 디자인함으로써 그것이 거듭날 수 있다. 이는 죄를 뉘우치고 회개함으로 죄 사함을 받고 거듭날 수 있다는 성경의 말씀과 유사하다. 창의적인 건축가는 사도 바울처럼 옛 사람은 죽고 새사람이 살아야 새로운 개념의 설계를 할 수 있다. 즉 대지의 기존 모양새를 거듭나게 혹은 창의적으로 살릴 수 있다. 대지라는 옛사람이 어떻게 죽고 새 성전을 갖는 새 땅으로 어떻게 거듭났는가? 찬찬히 살펴보자.

해운대 온누리교회의 정문.
하늘에 이르는 좁은 문이 연상된다.

좁아지는 정문 계단과 옥상으로 가는 좁은 십자가 옆 통로는 요한계시록에 기록된 14만 4,000명의 마지막으로 남은 자, 구원의 무리에 들어가는 것이 얼마나 어려운가를 빗대어 이야기하는 것 같다. 북쪽 면의 창들이 그림자와 대조를 이루면서 점차 상승하는 느낌을 주는 것은 알레고리(수많은 이야기들을 만들어 냄)로서 선과 악의 쟁투를 통해서 한 인간의 거듭남 등을 압축적으로 묘사한다. 그리하여 마침내 자신의 거듭남을 마지막 시험하는 곳, 아마겟돈 전쟁에서 승리하는 모습을 그리고 있는 듯하다.

전체적인 매스를 보면 예수그리스도의 온전함을 빗대어 이야기하는 온누리교회 십자가의 탑은 마치 구약시대 하나님의 거룩한 뜻을 나타내는 십계명을 가리키듯 긴 직육면체로 우뚝 솟아 있다. 그러나 꼭대기 근처에 십자가가 세워져 있어 예수그리스도의 십자가의 희생을 받아들이지 않으면 더 이상의 구원이 없는 것처럼 보인다.

그러나 인류의 구원을 위해 십자가에 못 박혀 자신을 희생함으로써 믿기만 하면 죄로부터 벗어나 구원을, 즉 영생을 얻을 수 있는 길을 열어둔 듯한 것이 십자가탑이다. 십자가탑의 계단들을 통해 그리스도의 그러한 사랑을 뿜어내고 있는 것 같았다. 그리스도로 의인화되는 십자가탑은 반듯하게 긴 직육면체(계명)와 계단(사랑)으로 구성되어 있다. 예수께서는 계명의 본질은 사랑이고, 사랑의 표현이 곧 계명이라는 사실을 밝혀주셨다. 그렇다. 계단 없이 긴 직육면체를 이해할 수 없다. 계명과 사랑은 동전 앞뒷면 관계다. 계명 없이 사랑 없고 사랑 없이 계명 없다. 하늘광장을 향해 나아가는 하나님의 백성들은 사랑과 계명을 십자가탑을 통과할 때마다 흠뻑 받고 나오는 것 같다. 그리고 하늘광장 길을 계속 가거나 본당으로 향한다.

돋보이는 빛과 어두움의 연출

온누리교회의 모습은 죄로 지속된 많은 세월을 하나님의 사랑과 계명으로 감싸안은 형태다. 높은 탑은 십자가탑으로 예수그리스도를 상징한다. 본당은 수많은 세월을 사랑과 계명으로 이분화되어 있는 이 세상을 빗대고 있다. 이 세상은 하나님의 말씀에 순종치 못하고 울퉁불퉁한 모양과 자기 나름대로의 방향성을 갖고 있다. 그래서 조형이 반듯하지 못하다. 큰 두 매스가 서로 반대 방향의 기울기를 갖고 나아가려는 '놈'을 십자가탑이 잡아주고 중심의 역할을 한다. 조금만 시각을 바꾸면 새로운 세상, 하나님의 온기가 눈앞에 펼쳐지는 데도 불구하고 태반의 인간은 온기를 못 느낀다. 그 온기는 인간이 찾지 않는 한 침묵할 뿐이다. 이제 평면구성으로 가보자.

평면형태도 대지와 유사하다. 지하3층에는 지하주차장들만 있다. 지하2층에는 지하주차장과 체육관 등이 있다. 지하1층에는 애찬실, 경로실, 기도실, 영아실, 유치부실, 놀이터 등이 있다. 1층에는 소극장, 서점, 커피숍, 교역자실 등이 있다. 2층에는 대예배당, 자모실(수유실), 새가족실, 문화연습실 등이 있다. 이 중 새가족실이 눈길을 끈다. 3층에는 대예배당 상부로, 소그룹실들, 개인기도실, 목양실, 회의실 등이 있다. 4층 역시 대예배당의 상부로 3층과 유사하나 방송실, 편집실, 재정부실 등이 있다. 외부에서 들어오는 브리지가 인상적이다. 마치 요단강을 건너는 것처럼. 5층에는 하늘광장, 세미나실, 휴게실 등이 있다.

이 교회는 많은 각들로 둘러싸여 있다. 그만큼 빛도 다양하다. 이 교회의 공적 공간에서 빛과 어두움의 연출이 돋보인다. 특히 강대상에서 빛의 연출은 극히 중요하고 극적이다. 2층 로비 부분에 떨어지는 빛은 자연광으로서 가장 신선한 맛을 낸다. 이 신선한 맛이 예수

가장 신선한 자연광이 실내에 와서 닿는다. 뒤쪽에서 본당으로 가는 브리지가 보인다.

그리스도를 조우하는 맛이리라. 교회는 악과 어두움의 세력과 싸우는 선과 밝음의 실체다. 그런 의미에서 보면 이 교회에서는 적절한 밝음과 어두움이 있고 결국 빛이 어두움을 이긴다. 적절한 자연채광을 통한 간접조명으로 빚어진 은은한 빛은 예수그리스도가 교회 내에 살아있음을 보여주는 것이기도 하다.

건축가 임성필의 '벽'과 황동규의 시

이쯤에서 온누리교회 전체의 의미를 한번 생각해보자. 평면에서도 형태에서도 건축가 임성필(정림건축)의 말처럼 "온누리를 감싸 안은 벽." 이 이 교회 설계의 주요 개념이었다. 이 개념을 더 설명하자면, 탑은 중심에 서서 본당을 감싸 안은 영적인 벽이고, 본당은 신도들의 행적만큼 복잡한 다면체를 감싸 안은 벽이다. 이 개념이 의미하는 바는 '벽'이란 궁극적으로 계명과 사랑, 즉 예수그리스도다. '사랑과 계명으로 온누리를 감싸 안은 벽'이 궁극적인 개념이다. 그리스도를 통해 구원을 얻는 것은 십자가탑의 왼쪽 길이 하늘광장으로 가는 길을 통하여서다.

십자가탑은 조형상 양쪽으로 어긋나게 기운 두 매스를 잡아주는 중심점이다. 탑은 계명과 사랑으로 이분화되는 경향이 있는 기독교인들에게 이렇게 외친다. 하나님을 사랑하므로 계명을 지킨다! 이러한 이야기가 온누리교회에서는 건축화되어 있다. 또한 하늘광장의 길은 늘 열려있다. 이웃을 사랑하라는 계명을 행한다. 하나님을 사랑하기 때문이다. 그리스도께서는 하나님의 말씀 모두를 행동으로 옮겼다. 그런 중에 십자가에 못 박혀 돌아가셨다. 이처럼 그리스도 교회의 가르침은 본질적으로, 행하라는 것이다. 시인 황동규는 「두 문답」에서 이렇게 읊는다.

> …종려 가지 흔들며 반기는 사람들에 둘러싸여/ 예루살렘에 발 들여놓기 전 예수에게 제자 하나가 물었다./ "가르치신 온갖 비유와 우화를 한 마디로 하면 무엇이 되겠습니까?"/ "하라!"

그리스도교에서는 건축물조차도 가만히 있는 것이 아니라 뭔가를 한다. 그것은 그리스도인이든 비그리스도인이든 그들에게 하나님의 메시지, 즉 말씀을 전달하는 역할을 한다. 매스들을 통한 하나님의 계명과 사랑을 '하라!'라는 묵시적 행위, 빛과 그림자를 활용한 선과 악의 대쟁투가 교회에서 일어난다는 메시지 전달행위, 형태(각진 형태)를 통한, 평면(각진 평면) 및 단면(실내브리지)을 통한 메시지 전달 행위, 이웃에 말없이 내놓은 하늘광장 등이 '하라!'에 따르는 건축적 실천이다. '하라!'는 거듭난 후의 행위다. 마지막으로 꼭 명심할 바는 교회는 하나님의 몸의, 즉 말씀의 형상화이자, 유기체이지 단순한 물리적 건축물이나 조직이 아니다. 지금은 교회건축의 실체가 무엇인지 깊이 생각할 때다. (롬 12 : 4-5, 고전 6 : 15, 12 : 12-27)

Story 10

때와 공간의 숨결이여
금정산 범어사 일주문

> 숲과 나무와 일주문의 경계가 명확하지 않다. 돌, 나무, 기와, 숲이라는 악기들로 구성된 오케스트라 같은 정경이다.

　범어사 경내 주차장에서 남쪽을 향해 10m쯤 가다 오른쪽으로 방향을 트니 일주문이다. 내가 간 날은 토요일이어서 그런지, 범어사 전체가 들떠보였다. 사찰이 들뜨니 다른 곳이야 오죽하겠나. 근래 설치된 듯한 주차장을 코앞에 둔 일주문이라 왠지 무엇이 생략된 것처럼 보였다. 그렇다. 일주문까지 돌고 돌아가던 것이 생략되었다. 건축하는 사람들이 흔히 부르는 '과정적 공간'의 생략이었다. 과정을 별로 중시하지 않는 시대에 당연한 처사다.

　장애인 주차장은 일주문 가까이 두고 일반인 주차장은 멀리 두어 가는 동안이라도 마음을 추스를 수 있는 기회를 주어 일주문까지 가는 길이 좀 성스러웠으면 좋겠다. 일주문에 담긴 다음의 뜻을 생각해서라도 말이다. "일주문은 만법(萬法)이 갖추어져 일체(一切)가 통한다는 법리가 담겨 있는 문으로 사찰의 기본 배치에서 사찰의 경내에 들어갈 때 가장 먼저 지나야 하는 문이다. 삼해탈문이라고도 한다."(인터넷 백과사전)

　일주문이 전체적으로 전경이 되고 숲은 배경이 된다. 그러나 멀리서 보면 전경과 배경이 서로 어우러져 일주문이 배경인지 숲이 전경인지 알 수 없을 정도로, 즉 경계가 명확하지 않은 상태다. 돌계단-돌기둥-나무기둥-공포부(공包部)-지붕으로 이어지는 일주문은 정말 배경과 잘 어우러진다. 마치 돌, 나무, 기와, 숲이라는 악기들로 구성된 오케스트라 같다.

서로 물고 물리는 억겁세계를 담다

바람이 일렁일 때마다 아름다운 선율이 흐른다. 바람은 소리 없이 지나고 그 소리 없음은 숲을 일렁이게 한다. 햇볕이 일렁일 때마다 숲도 일렁인다. 그것에 더하여 단청으로 단장한 공포(栱包)는 숲의 일렁임 속에 깊이를 더한다. 그것을 통해 아득한 꿈의 세계로 끝없이 나아간다. 일렁이는 물결처럼 숲결 속으로 속으로 깊숙이 나아간다. 선찰대본산, 조계문, 금정산 범어사 등 현판글씨조차 일렁임 속으로 흘러 흘러가는 듯하다.

밑에서 부터 돌-돌기둥-나무 기둥으로 나아가는 문은 마침내 형형색색 단청을 만난다. 단청과 돌기둥은 시각적이라기보다 촉각적이다.

자연의 선을 단절하고 찌르고 들어가는 현대건축의 선과 범어사 일주문의 선은 확연하게 대비된다. 일주문은 자연의 품에 앉아있다.

얼마나 시간이 지났을까? 긴 여정 끝에 나는 이곳에 서 있다. 주추(기둥 밑에 괴는 돌 등의 물건)의 돌-돌기둥-나무기둥으로 나아가던 나는 마침내 형형색색의 윤회의 고리로 들어섰다. 다포(多包)의 세계는 들어선 곳에서부터 모든 것들이 상호관입되어 있다. 이 세상 모든 것이 윤회의 고리 속에 있는 것처럼 말이다. 땅에서 솟아난 기운은 주추-돌기둥-나무기둥을 거쳐 단청이 시작되는 부분부터 상호 물고 물리는 억겁의 세계다. 여기서는 모든 것들이 서로 물려 있다. 단청의 각양각색 모양들이 패턴을 통해서 시공간적으로 상호 맞물려 있다.

다시 나는 억겁의 세계로 들어간다. 긴 꿈을 꾸기 시작한다. 나는 꽃이 되었다. 갈매기가 되었다. "아, 입이 없는 것들."이 되었다.

> 저 꽃들은 화음부로 앉아서/스치는 잿빛 새의 그림자에도/ 어두워진다.
> 살아가는 징역의 슬픔으로 가득한 것들
> 나는 꽃나무 앞으로 조용히 걸어나간다/ 소금밭을 종종걸음 치는 갈매기 발이/ 이렇게 따가울 것이다.
> 아, 입이 없는 것들
>
> 이성복, 「아, 입이 없는 것들」

너무 큰 외침과 공간의 침묵

입이 없는 것들에 반(反)하여 우리는 너무도 크게 소리를 질러왔다. 시각적, 청각적으로. 거리에 나가보면 그것을 쉽게 알 수 있다. 너무나 많은 크고 작은 간판들로 빽빽이 채워져 있다. 공공디자인이라는 이름 아래 그려진 벽화들, 부산의 거리를 더욱더 시끄럽게 한다. 단청은 우리에게 화려함과 충만함을 주면서 동시에 침묵을 선사한다. 산이라는 배경도 침묵을 선사하는데 도움 일부를 준다. 이에 비해 공공디자인의 벽화는 유치함과 시끄러움 이외에 아무것도 주지 않는다. 주위의 것들, 즉 배경들이 복잡함과 시끄러운 소음 속에 있는데 전경이 되는 것은 오히려 숨을 죽이는 것이 도리일 것이다. 그러므로 공공디자인은 가능하면 자그마한 미니멀리즘을 향하여 나아가는 것이 옳다. 불과 10여 년 전에 '침묵의 미학'이 건축계를 강타한 적이 있다. 이때 대부분 건축가들은 침묵을 그냥 큰 공간을 비워두는 것만으로 생각했다. 아직도 그런 식으로 생각하는 사람들이 다수이긴 하지만.

　공간을 침묵케 한다는 것은 어떤 것일까? 우리는 범어사 일주문에서 그 답을 알 수 있었다. 일주문은 크게 5등분할 수 있다. 돌계단-돌기둥-나무기둥-단청한 공포부분-지붕. 여기서 주목하여야 할 부분은 나무기둥과 단청한 공포부분이다. 그것들은 색을 사용해 시각적이다. 그럼에도 반복되는 각종 패턴으로 인해 질감이 형성되면서 촉각화된다. 단청 부분은 색과 패턴으로 인해 질감이 형성되어 시각적인 것 같으면서 촉각적이다. 지붕 또한 동일한 질감과 패턴의 반복으로 촉각적이다. 패턴은 색깔이 특정한 형태로 나아가 시각화하는 것을 억누르고 있음을 쉽게 알 수 있다. 즉 일주문의 단청은 시각적인 것이라도 패턴으로나 질감으로 표현되어 거의 촉각적이다. 그러므로 일주문 전체를 보면 시각적이라기보다 촉각적이다.

　일주문 전체가 촉각적일지라도 배경이 시각적이면 침묵을 유지할 수 없다. 배경과 전경은 하나이므로. 다행히 배경이 숲으로 덮여 있으므로 촉각적이다. 화려한 침묵을 유지할 수 있는 것은 전적으로 촉각 덕분이다.

표피적 이해 넘어 접촉과 퍼짐으로

일주문과 나는 악수를 나눈다. 내 손이 상대의 손을 잡았는지 일주문이 내 손을 잡았는지 알 수 없는 것 같은 느낌이 온다. 내가 손을 내밀며 일주문도 손을 내민다. 내가 손으로 만지며 일주문도 내 손을 만진다. 악수는 접촉이며 접촉은 퍼짐이다. 내 손과 일주문 손은 서로 간의 접촉이며 퍼짐이다. 그리고 내 손과 일주문의 손, 몸이 순식간에 하나가 된다.

　사람과 사람 혹은 사람과 사물 간에 필요한 것은 서로 간의 악수, 접촉, 퍼짐이다. 그리고 그것들을 통하여 침묵하는, 하나 되는 만남이 된다. 존재하는 두 침묵, 사람끼리는 서로 손을 내밀어 악수만 하면 접촉이 되고 퍼짐이 일어나고 하나가 된다.

> 사람이 온다는 건/실은 어마어마한 일이다/그는/그의 과거와/현재와/그리고/그의 미래와 함께 오기 때문이다/….
>
> 　　　　　　　　　　　　　　　　　　　　　정현종,「방문객」

　사람이 온다는 것은 그와 악수, 접촉, 퍼짐이 일어나고 사람끼리 하나됨(사실은 하나도 아닌 둘도 아닌 그 무엇이)이 될 수 있다는 것이다. 아울러 사물이 온다는 것도 사람과 사물 서로 간의 악수이며, 접촉이며, 퍼짐이며 하나됨이다. 사람끼리 혹은 사람과 사물이 악수를 거쳐 하나됨을 체험한다면 이는 역지사지(易地思之)의 대화다.

　범어사 일주문은 겉으로 보면, "일반 건물의 기둥배치는 네 방향의 직사각형으로 이루어지는데 일주문은 기둥이 한 줄로 나란히 늘어서 있다. 삼문으로 처리하고 4개의 높은 기둥 위에 짧은 기둥을 세워 다포의 포작과 겹처마로 많은 중량을 지닌 지붕을 올려놓아 자체가 지닌 무게로 몸을 지탱하게 한 역학적 구조로 되어 있다. 다포식 건축에 외삼출목(外三出目) 형식이며 정면 3칸으로 맞배지붕이다."(인터넷 백과사전 중에서) 이것은 그야말로 표피적 이해다. 이런 시각적 이해와는 달리 나와 일주문의 만남은 악수를 통해, 접촉을 통해 획득되어 하나 된다. 나는 여기-이때에 있지만 저기-저때에도 참여한다. 저기-저때에서 시심(詩心)이 나온다. 사물과 악수를 통해 저기-저때에 참여하여 억겁의 세계를 다녀온 것도 시심(詩心)의 덕분이다.

일주문의 악수, 금정산의 악수

금정산-범어사-일주문이라는 현판을 일주문에 단 이유가 무엇인가? 일주문이라는 전경에 집착치 말라는 것이다. 일주문의 배경인 범어사, 그것의 배경인 금정산을 망각해버리지 말라는 것이기도 하다. 일주문은 나와 악수하며 동시적으로 접촉, 퍼짐, 하나됨이 되고 범어사에서 금정산으로 순식간에 나아간다. 순간 동시에 금정산과 나의 악수가 이루어지는데 접촉, 퍼짐, 하나됨이 되어 범어사에서 일주문으로 동시에 내려온다. 억겁의 세계도 한순간인데 일주문과의 악수는 곧 금정산과의 악수다. 공간과 시간!

…서로 품에 안겨 서로 배고 낳으니 꿈꾸며 반짝이느니.

정현종, 「때와 공간의 숨결이여」

창조도시 부산을 향하여

  인기리에 방영되는 TV드라마의 대부분은 소통과 단절의 문제를 다룬다. '주인공들 사이의 단절을 소통을 통해 풀어나가는 과정을 그린 것이 드라마다'라고 단언을 내려도 아마 틀린 말은 아닐 게다. 예를 들어 현재 방영되고 있는 모 방송국의 드라마를 보면 주인공이 과거의 기억을 상실하여 자신의 옛 가족과 소통을 이루지 못하고 있다. 여기에 소통을 가로막는 현재의 아내가 있다. 주인공이 과거의 가족과 소통을 하려고 하면 현 아내가 이를 가로막는다. 소통과 단절 사이의 묘한 긴장을 재미있게 조성·화해시키는 조정 능력은 결국은 작가의 상상과 꿈으로부터 나온다.

  이 소통과 단절 사이를 메우는 조정 능력은 건축가에게도 필요하다. 도시건축을 한마디로 표현하라면 '공간 간의 단절을 상상과 꿈으로 소통시키기' 라고 하겠다. 소통과 단절의 짝패놀이라고 명해도 좋을 것이다. 공적인 공간은 소통이 주류를 점하고, 사적인 공간도 소통을 시도한다. 공사공간(公私空間)의 상호소통이야말로 단절의 벽을 허문다. 과거공간과 현재공간을 기억회복을 통해 상호 소통시키려는 드라마 속 주인공처럼 도시건축에서도 인간은 시간적, 공간적으로 소통하려고 한다. 도시건축의 경우 인간은 현재공간의 소통에만 매달려 흔히 시간적 소통을 망각해버린다. 하여 인간이 도시건축과 주위환경, 도시건축 사이에 최소한의 공간적 소통만 이룬다고 해도 그것은 제대로 작동된 것처럼 보인다.

  부산을 다녀보면 단절된 소통 불가의 도시건축이 너무 많다. 어딜 가도 전후좌우가 이질적이어서 단절이 된다. 도대체가 공간들이 상호 소통되는 맛이 없다. 예를 들어 신세계 센텀시티, 롯데백화점 센텀시티점과 APEC 나루공원 사이의 길을 차를 타고 지나노라면 그것들 사이의 소통이 전혀 이루어지지 않음을 알게 된다. 롯데의 지하 외부공간_신세계의 지하 외부공간_신세계 지상 외부공간_롯데 지상 외부공간_롯데 옥상층_롯데 외부공간_신세계 외부공간_신세계 옥상공원_신세계 외부공간_지하공원_APEC 나루공원_수영강변로. 이들 간에 상호관입이 이루어진다면, 단절된 공간에 꿈과 상상에 의한 소통이 흐른다면, 그로 인한 묘한 긴장감이 사람들을 불러모을 것이다.

묘한 긴장감은 단지 공간의 소통과 단절의 관계에서만 생성되는 것은 아니다. 시간의 소통과 단절에서도 일어난다. 상기 드라마의 주인공처럼 우리는 망각된 기억공간과 현재공간을 소통시키려고 한다. 그런데 주변의 도시건축에는 망각된 기억공간과 현재공간을 소통시키려는 시공간적 상호관입이 거의 없다. 오히려 재개발이라는 이름 아래 우리의 기억공간을 하나둘씩 지워버리고 있다. 기억공간은 우리의 자산이다. 도시재생의 당위성은 바로 도시재생이 기억공간 재생을 수반할 때 주어진다는 점에 있다.

부산에서 우리의 과거를 쉽게 만날 수 있는 곳은 범일동, 보수동, 영주동, 초량동, 좌천동 등이다. 그 동들 속에 사는 시민들은 과거공간과 현재공간의 단절을 어떻게 상호 소통시켜야 할까. 고민해볼 문제다. 과거공간과 현재공간을 꿈과 상상을 통해 소통시킴으로써 과거는 창조의 한 축이 된다. 과거의 존재로 인해 도시건축이 재생되고 지속가능성이 유지된다.

과거공간과 현재공간을 소통시키기 위해 우리의 상상과 꿈이 동원된다. 앞으로 인간의 기억과 현재에 상상과 꿈을 가해 무수한 삶의 공간을 창조할 것이다. 그때 우리는 느끼게 될 것이다. 도시는 센텀시티처럼 각각의 건물이 서로가 서로에게 민망스럽게 돌아서 있는 곳이 아님을. 국지적으로 잘 돌아가나 전체적으로는 잘 작동되지 않는 센텀시티는 당연히 우리에게 아무런 과거공간을 제공하지 않는다. 따라서 과거와 현재를 소통하는 꿈과 상상도 무용지물이 된다. 오직 현재만 덩그러니 놓여있을 뿐이다. 차가운 도시기계만 오로지 존재한다.

    부산시민은 드라마의 주인공처럼 무엇보다도 기억공간을 찾아내야 한다. 재생도시 부산은 기억, 현재, 상상, 꿈의 공간이 대물림되어 상호관입의 반복적 만남을 이룰 때, 증손자 손자 아버지 할아버지가 같이 만들어가는 지속가능한 창조도시로 거듭날 수 있을 것이다.

Story 11

서로 다른 것의 모양 속에 녹는다
대연동 발도르프 사과나무학교

> 부산시 남구 대연동에 있는 대안학교인 사과나무학교 정경. 지붕의 모양과 벽돌 등은 지극히 일상적인 외양 같지만 가만히 보면 그 속에 뜻하지 않은 낯섦 또는 비일상이 함께 있다.

독일의 사상가 루돌프 슈타이너 박사가 100여 년 전 처음 설립한 발도르프 학교는 일종의 대안학교다. 슈타이너 박사는 아이들이 진정한 인격체로 성장하는 것은 느낌, 체험 등을 통한 예술적 교육임을 믿었다. 세계에 약 640여 개 발도르프 학교가 있는데 우리나라에는 최근 대연동에 생긴 이 학교가 처음이다. 이 학교는 국어 수학 음악 미술 등으로 구획되는 과목들 간의 경계가 모호하다고 보았다. 이 과목들 속에 숨어있는 비일상을 찾아냄으로써 경계가 명확한 과목 간의 일상적 틀을 깬다. 예를 들면 학생들이 비일상의 예술적 느낌과 체험을 국어, 수학 등의 이성적 과목에서도 느끼도록 교육을 행한다. 그리고 예술과목에서는 감성뿐 아니라 이성도 인식토록 한다. 일상과 비일상의 균형점을 학생들에게 가르치는 것이 이 학교의 두드러진 특징이다.

 일상은 현실로 습관화된 면이다. 비일상은 현실로 습관화된 것의 보이지 않는 면들인 기억, 상상이다. 예술가들은 일상과 비일상이 공존하는 세계를 그린다. 영화감독 홍상수와 봉준호의 영화세계에서도 그 예를 볼 수 있다. 이 두 감독의 작품세계는 일상과 비일상의 공존의 세계이다. 그런데 이 둘은 서로 다르다. 홍상수 감독의 〈강원도의 힘〉과 봉준호 감독의 〈괴물〉은 서로 대척점에 서 있다. 〈강원도의 힘〉은 강원도라는 비일상적 휴가지를 철저히 일상으로 전환시키는 것이 특징이라면 봉준호의 〈괴물〉은 그 역이다. 일상에서 비일상적 괴물의 등장으로 일상이 철저히 비일상화된다. 이 와중에서 일상

이 부각되기도 하고 비일상이 부각되기도 한다. 홍상수 감독은 비일상을 배경으로 일상을 전경으로 내세운다. 봉준호 감독은 일상을 배경으로 비일상을 전경으로 내세운다.

일상적인 것 속에 새로움이 솟다

건축에서는 주로 일상을 배경으로 비일상을 전경으로 내세우는 경우가 많다. 이런 경우에 일상은 일상대로, 비일상은 비일상대로 새롭게 보이는 것처럼 느껴진다. 홍상수 감독의 사례는 건축에서 거의 볼 수 없다. 봉준호 감독처럼 일상성 속의 비일상성 즉 친밀함 속의 낯섦이 건축에서 주류를 이룬다. 부산의 발도르프 사과나무학교가 그랬다. 문화공원이 지척인 곳이었다. 그곳의 분위기는 부산에서 흔히 볼 수 있는 오래된 주택가의 일상성이었다.

> 일상의 평온한 모습 속에
> 언제 나타날지 모르는 비일상은
> 일상의 잠잠함 속에 괴물처럼 우리 앞에 숨어있다.

　　삼각형의 박공지붕, 경사지붕에다 징크합판, 평지붕에다 붉은 벽돌은 그야말로 일상적으로 볼 수 있는 형태의 집이다. 그런데 유난히 눈에 들어오는 것은 군데군데 부분적으로 부착된 주황색의 적삼목 벽들과 푸른 계단실이다. 이들은 왠지 비일상적으로 보였다. 이러한 비일상적인 부분이 더 선명하게 드러나는 이유는 이 건물의 일상적 부분이 너무나 일상적이었기 때문이다. 시간의 흔적을 고스란히 담은 이웃의 슬레이트 지붕의 담벼락과 나란하게 가고 있는 뒷마당 쪽 돌과 흙마당이 정겨운 시골냄새가 물씬 나게 한다. 파헤쳐진 흙마당. 어릴 적, 흙, 돌, 물, 나무 등과 함께하던 시절이 생각난다.
　　조그마한 놈들이 놀던 흔적들이 방학 중에도 생생히 살아있다. 이것을 바라보는 순간, 기억의 흔적들이 머리를 쳐든다. 그리고 튀어나온다. 뒷마당을 가득 메울 정도로 기억이 가득찬다. 이 도시에서는 진정으로 맛볼 수 없는 기억의 상큼한 맛. 나의 기억이 뒷마당을 가득 채운다. 뒷마당 깊숙이 숨어있던 먼 기억들이 줄줄이 쏟아져 나온다. 온갖 시시콜콜한 것들이 어린 시절 '코르덴' 윗도리의 주머니 속에서 나오는 것처럼 말이다. 마당을 뒤집어 털듯이 샅샅이 훑어 내린다. 너무 쏟아져 나와서 일상이 전복될까 두렵다.

나는 이쯤에 기억털이를 그만두었다. 아파트에서 자란 아이가 과연 이런 기억털이가 가능할까? 흙, 돌, 물, 나무, 새 등을 자연 속에서 만나기 힘든 판에 무슨 놈의 기억이 주머니 속에서 털어져 나올까? 털어져 나온 것들을 일상의 친밀한 것과 구분하여 사람들은 비일상이라 부르기도 한다. 봉준호의 괴물처럼 일상의 평온한 모습 속에 언제 나타날지 모르는 비일상은 일상의 잠잠함 속에 괴물처럼 우리 앞에 숨어있다. 꿈에서처럼 '저 놈'이 작동하기만 하면 우리의 일상은 순식간에 전복될 것이다.

학교교육에 대한 나름의 메시지를 던져

일상이 전복될 개연성이 있는 곳 하나 더. 푸른 하늘처럼 푸른 계단실. 이것 또한 우리 상상을 보관하는 보관실이다. 나는 가만히 가서 그걸 열고 싶었다. 상상을 만지고 싶었다. 계단실이라는 상상의 상자, 상상을 몽땅 담고 있는 곳. 덮어두기로 했다. 벽면 도처에, 계단실 일부에 마감된 주황색 적삼목은 비일상의 또 다른 면인 기억과 상상의 혼합을 의미한다. 그것이 풀어 헤쳐지면 우리의 일상성 역시 전복되리라. 우리의 일상은 괴물 같은 비일상, 즉 비일상의 또 다른 면인 기억과 상상의 혼합을 감추고 있다. 이 건축물도 일상이란 이름을 띠면서 비일상성을 간직하고 있다. 마감재료별로 일상, 비일상으로 나누어 보면 징크패널, 치장벽돌 등은 일상의 느낌을 우리에게 주고 하늘색 불소수지 페인트는 일상의 깊이를 주는 비일상의 상상의 상자가 되고 주황색 적삼목은 비일상의 농축액을 담고 있다. 기억과 상상이 응집하는 곳에 비일상의 농축액이 고인다.

교육목표는 무엇인지 모르지만 일상 속에 비일상을 제공하는 이 학교는 적어도 일반학교에게 학교교육은 어떻게 해야 할 것인가에 대해 무언가 메시지를 던지고 있다. 이 학교는 일상과 비일상이 공존하는 교육을 지향하고 있음에 틀림없다. 일상이 이성과 감성이 습관화된 것이라면 이 학교의 교육목표는 습관화된 일상을 자극시켜 비일상의 새로움을 받아들여 일상과 비일상의 균형점을 잡아주는 것이리라. 이러한 점을 고려하면 이 학교의 궁극적인 교육목표는 시인 정현종의 시, 「이 세상 깊음 속으로」에 함축되어 있다.

사과나무학교 아이들이 흙을 밟으며 생활하고 있는 뒷마당.

아이들이 모여 식사를 하고 있는 공간.

날으는 새의 날개가 느끼는/ 공기/ 그 지저귐이 느끼는/ 내 귀/
에 흐르는 푸른 공기/ 귓속에 흐르는 날개/ 모든 것들의 경계의/
氣化/ 서로 다른 것의 모양 속에 녹는다/ 네 모양이 내 모양/ 내
모양이 네 모양이라며/ 날개와 바람/ 날개와 바람처럼…
인제 다시 떠나야 한다/ 이 세상 깊음 속으로…'

괴물을 다룰 줄 알아야 건축가

'날개와 바람처럼' 일상과 비일상이 '이 세상 깊음 속으로' 들어간다. 일상과 비일상이 이 세상 깊음 속으로 들어간다는 것은 일상과 비일상이 교묘히 엮어져 그 둘이 하나도 아니고 둘도 아닌 경지로 짜깁기가 되는 것이다. 이러한 정교한 짜임을 예술 혹은 건축이라 부른다.

대부분 건축가들이 봉준호 감독의 〈괴물〉에서처럼 일상 속에 비일상이 숨어있는 것을 애써 모른 체한다. 그래서 습관적으로 건축하기에만 급급한지 모른다. 건축가는 모름지기 괴물을 다룰 줄 알아야 한다. 그 괴물과 함께 이 세상의 깊음 속으로 사라져야 한다. 그래야만 참다운 건축가일 수가 있다. 건축가 조형장과 이원영(건축사사무소 메종 공동대표)은 일상과 비일상이 날개와 바람처럼 한 짝을 이룸을 안다. 그러나 '이 세상 깊음 속으로' 들어감은 아직 체험을 못한 것 같다. 이젠 평면에서 일상과 비일상이 어떻게 나타나는지 살펴보자.

1층 평면에서는 남쪽에 주출입구가 있고 북쪽에 부출입구가 있다. 주출입구에서 전면으로 나아가면 홀의 단부 좌측 끝에 계단실이 있고 왼쪽에는 행정실, 자료실, 간이주방이 있고 오른쪽에는 교실, 주방/식당, 화장실, 양호실이 있다. 2층으로 올라가면 홀이 있고 다목적실, 상담 및 회의실이 있고 이와는 분리된 지층에서 바로 연

결된 문을 가진 교실이 하나 더 있다. 내부평면에서는 전혀 비일상적인 패턴이나 모양을 가진 실이 더 없었다. 아직까지 일상과 비일상을 형태와 평면에서 동시에 짜깁기하기에는 그들의 연륜이 역부족인 듯하다.

건축가 조형장과 이원형은 일상과 비일상의 짜깁기를 막 시작했다. 이제부터 바짝 혼의 줄을 당겨야 한다. 시인 유하는 시, 「오징어」에서 건축가들이 꼭 들어야만 할 것 같은 충고를 한다.

> 눈앞의 저 빛!/ 찬란한 저 빛!/ 그러나/ 저건 죽음이다/ 의심하라/ 모오든 광명을!

이들이 건축세계의 깊음 속으로 가는 동안 내내 시인의 충고를 잊지 말아야 하리라.

Story 12

루버, 그 생생함
금정세무서

서향으로 선 건물에 루버(louver)를 입힘으로써 생생함이 용출하게 만든 부산시 금정세무서 건물. 관공서 특유의 좌우대칭을 일정하게 파괴한 점도 눈길을 끈다.

> 남자 나이 40살,/ 더 이상 내가 왜 사는지/ 묻지 않는다. 묻지 않고도/ 잘 산다. 아니, 잘 견뎌낸다./ 여름 불볕, 육교에서 앵벌이가/ 파리 떼에 빨리며 등을 굽고 있어도/ 왜 사는지 어떻게 사는지/ 묻지 않는다. 묻지 않아도/ 나도 세상도 말똥 굴러가듯/ 잘도 굴러간다./…
>
> 서림, 「더 이상 나는-노예11」

건축가도 다른 직업을 가진 사람같이 매너리즘에 빠지는 경향이 있다. 정상적으로 직장생활을 한 건축가도 나이 마흔이 되면 모든 것이 종종 습관화되기도 한다. 그래서 '묻지 않아도/나도 세상도 말똥 굴러가듯/ 잘도 굴러간다'라고 시인은 읊는다. 이를 세상과의 '습관적 관계맺기'라 부른다. 창작활동을 하는 사람은 이렇게 되면 작가로서의 생활은 끝이다. 끊임없이 '새로운 관계맺기'를 통해 창조활동을 하여야 할 사람이 습관적 관계맺기라는 늪에 빠지면 빠져 나오기가 정말 어렵다.

'서향으로 배치된 건물'의 난제를 풀어라

습관적 관계맺기를 하면 너도, 나도, 세상도 말똥 굴러가듯 잘도 굴러가는 것처럼 보이지만 일단 한 곳이라도 관계맺기가 단절된다면 그는 당혹해 한다. 예를 들어 집-자가용-전철-버스-학교라는 습관적 관계맺기로 매일 집에서 학교라는 '선적인 관계'의 출근 패턴에서 갑자기 버스가 고장이 나버렸다면 그는 더 이상 '잘도 굴러' 갈 수 없다. 이를 '차단관계'라 부른다. 그래서 버스 대신에 택시를 타고 갔다면 일시적 당혹감은 있었겠지만 다시 나도 세상도 말똥 굴러가듯 잘도 굴러간다.

이때 잠시 드러나는 새로움은 임시방편이다. 버스는 고장을 고쳐 다시 다니게 되고 새로움은 사라져버린다. 버스노선이 폐쇄되어 사라져버렸다면 버스 대신에 장기간 대처할 수단이 있어야 한다. 길이 멀더라도 집에서 자가용으로 학교까지 간다고 작정했다면 그 패턴에 익숙해질 때까지 새로움이 출몰할 것이다. 이를 '출몰한 새로움'이라 한다. 이것도 곧 말똥 굴러가듯 잘도 굴러갈 것이다. 습관적 관계맺기들 속에서 아주 살짝 벗어나 늘 새로움을 주는 관계맺기로 전환되는 것이 없을까? 그것은 바로 예술작품이다. 좋은 건축물은 주위의 습관적 관계맺기들 속에서 보석처럼 빛나는 새로운 관계맺기를 이룬다.

금정세무서는 우리가 흔히 기피하는 서향을 정면으로 하고 있다. 특히 서쪽 빛은 대부분의 사람들이 싫어하는 빛이다. 나도 세상도 말똥 굴러가듯 잘도 굴러가는 장소가 아니다. 정면을 서향으로 배치해야 하므로. 게다가 주위의 주택가와 저 멀리 떨어진 북쪽의 아파트단지는 투시도 효과로 인해 아주 작게 보인다. 습관적 관계맺기를 통해서는 풀어 나갈 수 없는 장소다. 그렇다고 서쪽 창마다 블라인드를 설치할 수도 없다. 이 난감한 상황에서 장기적으로 대처할 수 있는, 주위의 소규모 스케일과 어긋나지 않게 대응할 수 있는 방법이 루버를 설치하는 방법이다. 루버란 다음과 같이 정의되어 있다.

로비공간을 시원하게 뚫어버렸다. 그러면서도 평면이 '죽은 공간' 없이 비교적 잘 짜여져 있다.

채광·인공조명·일조조정(日照調整)·통풍·환기 등의 목적으로 사용된다. 폭이 좁은 판을 비스듬히 일정 간격을 두고 배열한 것. 밖에서는 실내가 들여다보이지 않고, 실내에서는 밖을 내다보는 데 불편이 없는 것이 특색이다. 통풍이나 환기를 하고자 하면 그 쪽으로 빗물이 스며드는 관계로 루버를 치는 것이 일반적이지만, 채광·인공조명·일조조정에 사용할 경우는 반드시 루버 형식을 취하지는 않는다. 즉, 가로·세로 또는 격자창으로 하든지, 이것들의 변형을 응용해 여러 가지 종류를 택할 수 있다. 광의적으로 이 모두를 루버라 칭할 수 있다.

인터넷 백과사전 참조

관공서 특유의 좌우대칭도 파괴

서향으로 선 건물에 '습관적 관계맺기' 식으로 접근해서는 도저히 답이 안 나온다. 금정세무서는 서향에다 동시에 인근의 맥락이 소규모 스케일 위주여서 루버를 설치할 경우 일거양득이다. 그래서 역발상적 생각으로 서향을 과감히 받아들이는 자세에서 건축가의 통찰력이 돋보인다. 모두가 "맞다." 할 때 "아니다."라고 맞서면서, 그것도 일시적 새로움을 창출하는 것이 아니라 늘 새로움을 창출하는 방법을 제시한 것은 정말 용기 있는 일이다. 해의 위치에 따라 루버에 비치는 음영이 시시각각 달라지므로 이 건축물에서는 늘상 새로움을 얻는다. 햇빛의 강도와 해의 위치에 따라 음영이 늘 달라지므로.

또 하나의 습관적 관계맺기로부터 벗어남은 관공서의 트레이드마크인 좌우대칭이 파괴되었다는 것이다. 그것도 10여 년이 지난 건축물인데도 말이다. 언제부터인지 모르지만 우리 인간은 좌우대칭을 선호해왔다. 그 이유를 묻지도 따지지도 않고 말이다. 그러나 기능주의 이후부터 좌우대칭형 건물이 점차 사라졌다. 기능주의에서는 그 이유를 묻고 따지므로. 기능이 우선이지 형태는 중요하지 않았다. 그럼에도 우리나라 관공서에서는 최근까지 좌우대칭형 건물을 숭상해왔다. 금정세무서도 좌우대칭은 벗어났지만 여전히 흔적이 남아있다. 좌측면의 길이가 우측면의 그것보다 길지만 출입구에서 여전히 좌우대칭을 견지하고 있다.

외부공간에서 인상적인 것은 돌담들로 구성된 정원이다. 특히 돌담의 돌들과 루버로 촘촘히 구성된 격자와의 만남이 인상적이다. 추상과 구체의 만남이랄까? 구체적인 돌들의 쌓음과 격자의 쌓음, 이 둘을 통해 구체의 의미와 추상의 의미를 확실히 알 수 있었다. 이 둘은 떼려야 뗄 수 없는 관계임을 새삼스럽게 인지한다. 서로가 서로를

돌담으로 구성한 건물 외부의 정원. 루버의 촘촘한 격자와 층층이 쌓인 돌은 서로에게 생생한 느낌을 부여한다.

생생하게 만나야 한다. 문화와 자연은 상호공존하는 것이지 어느 한편이 우월한 것은 아니다. 기실은 서로에게 상생한 것이다.

이 건물의 '생생함'은 어디서 나오는가

내부평면으로 가보자. 로비가 시원하게 뚫렸다. 2층에서 4층까지. 그 외 인상적인 것은 평면이 '죽은 공간' 없이 비교적 잘 짜져 있는 점이다. 부출입구도 주출입구와 다를 바 없이 로비의 상부가 2~4층까지 뚫렸다. 주출입구와 부출입구를 거의 동등하게 다루었다. 수직공간의 상호관입은 건축에서 중요한 문제다. 그럼에도 로비 부분을 제외하고 층간의 소통을 위해 애를 쓰지 않은 듯하다. 층간의 상호소통만이 중요한 것이 아니라 하늘과 층간의 상호소통이 정신적으로나 심리적으로 지대한 역할을 함을 명심해야 할 것이다. 신과의 결별이 보편화되어 가는 이 시대에 하늘과의 소통은 꼭 필요한 것이리라.

건축가 고성룡(상지 이앤에이·엔지니어링 건축사사무소 소속)에 따르면 동향 쪽의 실(室)은 오랜 시간 직원이 거주하는 곳으로, 서향 쪽의 실은 직원이 일시적으로 근무하는 곳으로 원칙을 정하고 실을 배분했단다. 그러나 당혹스럽게 동쪽 면과 서쪽 면의 건축언어가 너무 차이 난다.

이 건축물은 서향을 정면으로 배치하는 대신 공격적으로 루버를 설치한 점은 생생한 맛을 준다. 습관적 관계맺기를 떠나 새로운 관계맺기의 지속이라는 점에서 이 건축물은 새로운 맛을 줌에 틀림이 없다. 그래서 시인 정현종은 「장소에 대하여」에서 이렇게 썼다.

> 모든 장소들은 / 생생한 걸 준비해야 한다/ 생생한 게 준비된다면 / 거기가 곧 머물만한 곳이다 / 물건이든 마음이든 그 무엇이든 / 풍경이든 귀신이든 그 무엇이든 / 생생한 걸 만나지 못하면 / 그건 장소가 아니다./…/
> 생생해서 문득 신명 지피고 / 생생해서 온 몸에 싹이 트고 / 생생해서 봄바람이 일지 않으면/ 그건 장소가 아니다./오 장소들의 지루함이여,/ 인류의 시간 속에 어떤 생생함을 / 한 번이라도 맛볼 수 있는 것인지…

필자의 생각은 '그 어떤 생생함을 한 번이라도 맛볼 수 있는 것인지…'라는 애매한 얼버무림에 대해 명확히 단언할 수 있다. 이 건축물에서는 '그렇다'라고 말이다. 루버라는 건축적 장치에 의하여 금정세무서는 생생함을 준비해두고 있다. 그러나 이 루버가 금정세무서 전체를 생생함으로 덮을 수가 없다. 서쪽 면에서 루버가 주축이면, 루버와 일관된 그 무엇을 동쪽 면에서도 끌어왔어야 했다. 그리고 생생함을 보여주었어야 했다. 구체와 추상(돌담의 돌들과 격자의 만남), 루버와 맥락 같은 것들이 어우러진 생생함을 우리에게 제공할 수 없었을까? 건축가가 한 번 더 생각했더라면 더욱더 큰 생생함이 준비된 금정세무서가 되었을 것이다.

Story 13

시장해서 나 너를 사랑했노라
동서대 신축 종합운동장

> 육상트랙과 국제규격 인조잔디 축구장 등 체육 편의시설이 있는 이 장소는 건물의 옥상에 해당하며 그 아래에는 각종 학생 편의시설을 잘 갖춘 지하 2층, 지상 1층의 건물이다.

부산에 있는 대학교의 많은 건축물들은 경사지를 절토하여 만들었으므로 변변한 평지가 제대로 없다. '평지 없음'은 곧 학생들이 물리적으로 채움만 체험하지 비움을 체험하기가 매우 어렵다는 말과도 같다. 채움과 비움은 물리적으로만 끝나지 않는다. 채움과 비움은 정신적으로 연결된다. 물리적이든 정신적이든 채움과 비움은 서로 밀접한 관계에 있으므로 떼려야 뗄 수 없다. 물리적이든 정신적이든 채움과 비움 중에 어느 하나를 놓치는 것은 교육상 큰 손실이다. 어느 한쪽이 결여되면 다른 한쪽이 이해되기 어렵기 때문이다. 이 둘 사이를 적절히 조절해나가는 법을 배우는 것이 인성교육이다.

동서대는 지난해 6월 30일 종합운동장 기공식을 가졌다. 경사지를 활용해 건설된 이 종합운동장에는 맨 위쪽 공간에 국제규격의 인조잔디 축구장과 우레탄 육상트랙 등이 들어가고, 축구장 아래에 위치한 건물에는 동아리실, 각종 학생 편의시설이 자리한다. 현재 건축물 자체는 완공됐고 학생 편의시설에 대한 마무리 입주 작업이 한창이다. 이 시설물은 이 대학의 '캠퍼스 공원화 작업'의 최종 단계에 해당한다.

「공허하므로 움직인다」는 김지하의 시

거의 400m나 되는 육상트랙을 갖는 운동장이 생긴다는 것은 학생들에게 비움의 의미와 가치를 물리적·정신적으로 제공한다. 물리적 비움은 정신적 비움을 촉발시킨다. 우선 정신적 비움의 감을 잡기 위해 시인 김지하의 시 「無」를 고민해 볼 필요가 있다.

> 공허하므로 움직인다
> 시장해서/ 나/ 너를 사랑했노라
> 땅위의 풀과 벌레 / 거리의 이웃들 / 해와 달 별과 구름 모두 다 / 모두 다 죽어가는 이 한 낮
> 내 속에 / 텅 빈 속에 / 바람처럼 움트는/ 웬 첫사랑 우주사랑
> 그 새뿕음(첫사랑)을 / 본다
> 공허하므로 / 공허하므로 움직인다.

왜 이 시(詩)에서는 '땅위의 풀과 벌레 / 거리의 이웃들 / 해와 달, 별과 구름 모두 다 / 모두 다 죽어가는 이 한 낮'이라 했을까? 자기 욕망에 사로잡혀 공허함을 잃어버림으로써 '모두 다 죽어가는 이 한 낮'이라 표현한 것 같다. 그러나 시인은 공허하니까 우주사랑을 시작했고 이로 인해 살아 움직인다고 주장한다. 물론 시인이 말하는 공허함이란 '마음의 비움'을 가리킨다 할 수 있다. 그러나 인간은 환경의 영향을 받는 동물이다. 400m의 육상트랙의 운동장이 주는 그 물리적 비움의 힘을 무시할 수 없다. 운동장이 주는 비움의 힘에 의해 운동장을 둘러싼 우후죽순의 건축물들이 차분해진다. 이 같은 종합운동장이 대형으로 형성되지 않았으면 각 건물마다 이글거리는 채움의 욕망이 서로 부딪혔을 것이다. 그러나 다행스럽게도 각 건물이 채움의 욕망을 종합운동장에다 비워냄으로써 균형점을 찾는다.

채움만 가득한 곳에 이런 식의 비움을 둘 수 있는 것은 정신적 비움이 선행되지 않으면 불가능하다. 정신적 비움은 타인에 대한 배려

이자 사랑이다. 텅 빈 운동장과 마음은 상호작용하여 학생들의 정신적 비움을 촉진시킬 수 있다. 그래서 정신적으로나 물리적으로 비움과 채움이 균형을 이룬다.

캠퍼스 한가운데를 비워 균형을 맞추다

마음이 채움을 갈구하니까 도시건축 공간도 채움이 너무 일어난다. 채움은 곧 막힘을 예고한다. 주위의 건축물들이 채워진 상태에서 지금의 운동장 자리에 채움을 행했더라면 궁극적으로 막힘이 일어났을 것이고 동서대학교는 기(氣)의 막힘으로 질식할 뻔했다. 경사면의 절개지를 활용해, (종합운동장 면을 기준면으로 할 때)지하 2층 건물의 옥상을 종합운동장으로 만듦으로써 텅 빔을 얻는다. 이곳은 정신적으로도 비움을 촉발시킨다. 그러므로 움직인다. 비움으로써 캠퍼스가 활력을 찾는다. '시장해서/ 나/ 너를 사랑했노라'. 캠퍼스의 모든 것들이 꽉 채워져만 가는 시점에 운동장 속에, 텅 빈 속에 '바람처럼 움트는 웬 첫사랑, 우주사랑 그 새뿕음(첫사랑)'을 본다. 캠퍼스가 운동장이라는 허공을 둠으로써 이제 정신적으로 움직이기 시작한다.

  상기의 시를 통해 살펴보면 원래 정신적 비움으로 부여받은 우리의 욕망이 차츰 고무풍선처럼 불어올라 채움이 되었으므로 이젠 정신적 막힘이 된다. 이 막힘은 욕망인 채움이 빠져나갈 때, 즉 우리가 배가 고플 때, 허공이 생긴다. 비로소 움직임이 일어난다. 움직인다는 것은 살아있음을 보이는 증거이기도 하다. 욕망인 채움에 의해 우리 인간이 풍선처럼 위로 위로 올라가는 것(예를 들면, 바벨탑)을 멈출 때만 우리 인간은 정신적 비움을 체험할 수 있다. 정신적으로 비움이 되면 허기가 지기 마련이고 타인을 사랑할 수밖에 없다. 그러나 또 다

경사면의 절개지를 활용한 건물로 부산의 대학건물로는 극히 유례가 드물다. 사진의 정면은 에스컬레이터다.

시 욕망인 채움으로 되돌아갈 개연성이 있다.

　예수도 석가도 모두 채움의 괴력을 보았다. 예수는 채움의 힘을 모조리 안고 가기 위해 십자가에 못 박혀 돌아가셨다. 석가의 출가도 역시 채움의 힘에 의해 형성되는 것을 소멸시키기 위해서다. 채움의 힘이 소멸되어 갈수록 비움은 강화될 것이며 인간은 채움을 침잠시킴으로써 자신을 텅 비게 하여 그래서 움직이게 하는 것이다. 여기서 움직임은 정신적 비움으로 인해 일어나는 현상이다.

　건축적으로, 동서대는 적어도 종합운동장이 생기기 전까지는 물리적 채움의 현상이 지배적이었다. 그래서 건물들이 위로 위로 우후죽순 솟아올라왔다. 물리적으로 채움을 소멸시키지 못했다. 모든 건물이 만족할 만큼의 비움을 이루지 못했다. 그중 몇이라도 비움을 어느 정도 챙겼더라면 채움과 비움이 평형상태를 이뤘을 것이다. 드디어 가운데 종합운동장을 비움으로써 채움을 받아줄 공간이 형성된다. 제각각 자기 채움으로 올라간 건물 한가운데 비움을 둔다는 것은 캠퍼스 자체의 밸런스를 맞추는 행위다. 불행하게도 물리적으로 너도 나도 채움을 버리지 못하고 지니고 산다. 그런 세상에서 약간의 비움의 공간이 있는 것은 여간 다행스러운 일이 아니다. 더군다나 캠퍼스의 거의 중앙부에 운동장이 배치된 것은 정말 행운이다. 채플관에서 운동장으로 내려다 볼 수 있는 것은 금상첨화다. 채플관과 종합운동장은 정신적·물리적 비움의 합성으로 시너지효과를 낸다. 종교란 정신적으로 채움에서 비움으로, 그리고 마침내 공복에 도달함이 아닌가? '시장해서 나 너를 사랑했노라.' 이것이 기독교 사상의 핵심이 아닌가? 이것이 거듭남 아닌가? 이 공간을 설계한 건축가 김명건(다움건축사사무소 대표)은 이런 점을 알고 있는 것 같다.

비움과 채움, 움직임과 막힘의 긴밀한 관계

내부공간에 들어가 본다. 경사지를 절토하여 만든 땅인지라, 야외 운동장의 레벨을 지상 1층 건물의 옥상으로 볼 때 지하 2층은 시작점에 해당한다. 외부계단을 타고 올라오면 보행자 마당, 진입마당이 있고 필로티광장이 있다. 이곳은 점포 앞의 테라스와 유사한 공간이다. 이 테라스에 마주하여 왼쪽부터 에스컬레이터, 지하 1층으로 올라가는 출입구, 피자전문점, 커피전문점, 푸드코트 등의 순으로 배열되어 있다. 지하 1층 평면은 입시처 사무실, 처장실, 다목적회의실, 기자재창고, 종합홍보실…주차장으로부터 오는 출입구 순이다.

지상 1층 평면은 다음과 같이 구성되어 있다. 서쪽 출입구로 에스컬레이터로 올라오면 오른쪽은 학생플라자다. 그것은 카페테리아, 당구장, 북카페, 시네마존, PC존, 미용실, 편의점을 가지고 가운데 오픈 스테이지가 있다. 왼쪽은 강의실, 동아리실(40개), 처장실, 여대생

커리어개발센터, 총학생회사무실, 동아리연합회사무실, 취업지원실 등이다. 지상 2층에는 운동장이 있다. 여기에는 샤워실, 선수대기실 등이 있다. 여전히 내부는 채움으로 되어 있고 비움이 거의 일어나고 있지 않다.

   종합운동장 서쪽에 설치한 에스컬레이터는 이용객을 실어 나르는 데 긴요한 것이다. 이에 비해 건축물의 정면은 150.6m로 무척이나 긴 길이임에도 똑같은 원형기둥이 열주로 15개가 되풀이해서 나타난다. 비움의 경향이 강한 프로그램을 개발해서 열주의 채움을 타파할 필요가 있다. 둥근 지붕모양의 주두 부분의 처리에 세심한 배려를 하지 않은 것은 아직도 우리 사회에 습관적으로 남은 채움만을 위한, 채움에 경도된 경향의 일부인 것처럼 보인다. 평면에서 이벤트를 수용할 별다른 비움의 공간이 나타나지 않는다. 그러나 한 군데는 다르다. 오픈 스테이지다. 그러나 기(氣)가 돌 정도는 아니다. 형태 등에서는 여전히 채움의 상태다. 정신적으로나 물리적으로 비움과 채움, 움직임과 막힘이 서로 긴밀한 관계에 있음을 우리는 새삼스레 확인한다.

Coffee Break

이 시대 부산에 맞는 초고층 형태는

부산롯데월드(510m, 120층), 해운대관광리조트(511m, 117층), 해운대센텀시티 내 월드비즈니스센터(WBC) 솔로몬타워(432m, 108층). 부산에서 추진 중인 초고층빌딩들의 이름이다. 대부분의 사람들은 초고층이 몇 층인가, $3.3m^2$ 당 단가가 얼마인가를 궁금해 한다. 부산에 조금 관심을 가지는 사람은 초고층빌딩이 도시경관에 미치는 영향을 생각한다. 그럼에도 불구하고 부산을 압도하는 초고층의 형태에는 침묵한다. 그 까다로운 시민단체들조차도 마찬가지다. 왜 이런 현상이 일어나는가. 초고층 형태는 다분히 주관적이라고 생각하기 때문이다. 주관적이라 할지라도 형태에 대한 패러다임 추적이 가능하다. 그 점에 대해 대부분의 건축학자들도 동의한다.

건축형태는 패러다임을 바탕으로 한다. 건축형태의 근원을 추적해 들어가면 건축가나 건축주의 패러다임을 파악할 수 있다. 위의 세 작품 모두 설계안을 바꾼다는 소문이 있기는 하지만 근원적인 것은 아마 바뀌지 않을 것이다. 패러다임이란 그리 쉽게 변화되지 않기 때문이다. 현재 설계안의 형태를 기준으로 살펴보면 이들 초고층 건축물은 3인3색이다. 세 가지 패러다임 중 어느 것이 시대에 적합할까.

해운대 관광리조트의 형태는 이상형을 갈구하는 패러다임으로부터 나온 것으로 볼 수 있다. 이 유형은 하늘에 존재하는 이상형에 도달하고자 한다. 인간은 어떤 형태가 이상형에 근접하는지의 여부를 즉각적으로 눈치 챈다. 건축물의 경우 여러 가지 형태가 있겠지만 우선 좌우대칭이며 반듯한 것일수록 이상형에 근접한다. 이 유형을 선호하는 사람들은 세상에 존재하는 대부분의 것들이 이러한 이상형을 기준으로 형성되어야 한다고 생각한다. 이상형에 비해 왜곡이 심할수록 추 혹은 악으로 생각한다. 이상형에 가까울수록 선과 미에 근접한다. 지금은 많이 바뀌었지만 10여 년 전만 하더라도 대다수 관공서 건물이 대칭형인 이유가 바로 그것이다.

부산롯데월드는 하늘에 존재하는 이상형을 파괴하고 인간의 논리와 경험에서 나온 기계형을 중요시한다. 그러므로 첫 번째 유형과 비슷하지만 약간 다르다. 인간의 논리로 철저하게 원인과 결과를 분석하여 만들어진 경험의 법칙에 충실하다. 이성적 경험의 법칙에 의해 이상형이 왜곡되어도 개의치 않는다. 기계만능의 패러다임으로부터 파생된 형태이다. 이러한 건축은 치밀한 계산에 의하여 만들어지므로 여유나 변형의 여지가 거의 없다. 건물 자체의 합리성 및 기능성에만 관심을 두기 때문에 외부와의 어울림이 없다. 이 유형의 건축물을 설계한 건축가나 건축주는 대개 합리성을 존중하며 분석적이고 이성적이다. 원인, 결과가 정확히 예측되어 질서가 형성됨으로써 파격미가 사라져 예술성이 떨어진다.

솔로몬 타워와 같은 유형의 건축물은 이상형에도, 기계형에도 집착하지 않는다. 이 유형은 주변을 너무 살피는 것이 흠이다. 이 유형은 인간의 종합적 사고로부터 나온다. 앞서 두 유형이 수직적 사고로부터 나온 것이라면, 이 유형은 주위와의 어울림을 중요시하는 수평적 사고로부터 파생된 것이다. 변화가 심하다. 새로운 형태를 즐기며 단순미보다 군집미를 좋아한다. 요즘 잘 사용되는 건축 유형이다. 주변을 살피는 형이어서 그런지 멀리까지 아우르기를 좋아한다. 자연친화적이며 유기적이다. 도시의 과거와 함께 공존하면서 삶의 변화를 수용하려고 시도하므로 기존 맥락을 존중하면서도 새로움을 동시에 수용한다고 볼 수 있다. 궁극적으로 '오래된 새로움'을 추구한다. 이 유형의 건축물은 하늘로부터 온 이상형에도, 인간으로부터 온 기계형에도 따르지 않는다. 오직 시민의 삶과 더불어 변화한다.

세 가지 유형 중 어느 것이 부산에 적합한가. 물론 삶에 따라 변화하는 마지막 유형이다. 부산다운 건축의 형태가 절실한 이즈음에 맥락에 의해 결정되는 초고층 형태야말로 가장 바람직하다. 500m 내외 높이의 초고층 형태가 해운대센텀시티, 해운대, 중앙동이라는 맥락에 맞추어 하나씩 있다고 생각해보자. 이것들이 죽어가는 부산도시경관을 살려 숨 쉬게 할 것이다. 이 시대에 부산에 맞는 초고층 건축물의 형태가 어떤 것이어야 하는지 재설계 시 심각하게 고려해볼 문제이다. 부산의 삶의 형태가 충분히 고려되면서 재설계 및 심의가 이루어져야 할 것이다.

Story 14

갈증이며 샘물인, 샘물이며 갈증인
부산극동방송

갈증이며 샘물인, 샘물이며 갈증인 부산극동방송

> 부산극동방송은 왼쪽의 방송국과 오른쪽의 공개홀이 서로 간에 이미지를 주고받는 관계로 엮여 있는 등 다양한 건축요소들이 짜깁기돼 건축물이 매우 풍요로운 인상을 준다.

건축가 승효상 씨가 설계한 부산극동방송 건물이 최근 심사가 완료된 '2010 부산다운 건축상'에서 대상작으로 선정됐다. 필자는 올해 부산다운 건축상 심사에 심사위원장으로 참여하게 되었다. 공공기관인 부산시가 시행하는 이 상은 건축 부문에서 '부산다움'을 추구하고 발전시키는 데 나름대로 비중 있는 역할을 하고 있으며 상을 탄 건축물은 '부산다움'을 보여주는 상징성이 크다. 이에, 올해 대상작인 부산극동방송 건물을 살펴보고 올해의 전체적인 경향을 독자와 공유하는 것도 의미 있으리라 생각한다.

시인 정현종이 시 「갈증이며 샘물인」을 통해 건축가 승효상 씨의 부산극동방송이 덩어리(매스) 배열을 그렇게 한 이유를 속 시원히 이야기해준다.

> 너는 내 속에서 샘솟는다/ 갈증이며 샘물인/ 샘물이며 갈증인/ 너는/ 내 속에서 샘솟는/ 갈증이며/ 샘물인/ 너는 내 속에서 샘솟는다.

이 시의 핵심은 '갈증이며 샘물'로 짜깁기되어 있는 존재다. 그것은 너와 나인 것이다. '샘물과 갈증'은 짜깁기의 밑바탕인 공(空)에서 놀이하는 한, 대립의 존재가 아니라 환영(幻影)과 연기(緣起)의 존재다. 즉 도장의 '양각'과 '음각'의 관계다. 갈증이라는 양각이 샘물이라는 음각을 만나고 샘물이라는 음각이 갈증이라는 양각을 만난다. 갈증과 샘물은 이렇게 짜깁기된다. 여기서 명심할 것은 짜깁기의 밑바탕에는 양각과 음각이 서로 어울려 놀이할 빈 공간이 있다는 점이다.

이를 건물에 직접 적용해본다.

너는 내 속에서 샘솟는다/ 왼쪽 덩어리이며 오른쪽 덩어리인/ 오른쪽 덩어리이며 왼쪽 덩어리인/ 너는/ 내 속에서 샘솟는/ 왼쪽 덩어리이며/ 오른쪽 덩어리인/ 너는 내 속에 샘솟는다.

왼쪽 덩어리라는 양각이 오른쪽 덩어리라는 음각을 만나고, 오른쪽 덩어리라는 음각이 왼쪽 덩어리라는 양각을 만난다. 음각과 양각이 서로 반대되는 것이 아니라 서로 감응하고, 주고받기의 관계와 동일한 방식으로 서로에게 흔적을 남기는 것이다.(석가탑과 다보탑, 좌청룡과 우백호 등은 이 같은 상호 감응과 주고받기의 좋은 예이다.)

건축물의 경우 덩어리를 단일체로 하는 것보다 이분체 혹은 복합체로 하는 것이 좋다. 그러나 너무 심한 복합체로 하지 않는 것이 좋다. 단일체(암수동체)인 경우에는 짜깁기 맛이 거의 없다. 이 경우에는 아무래도 서로의 모습을 보듬어주고 서로 돋보이게 하는 '환영(幻影)의 연기(緣起)' 맛도 거의 없다. 복합체로 갈 경우 환영의 연기가 너무 심해 시각적으로 혼란을 겪는다.

분리된 두 덩어리의 건물이 서로 비추고 보듬어

두 덩어리를 시각적으로만 본다면 왼쪽 덩어리(방송국)는 남성적이고 오른쪽 덩어리(공개홀)는 여성적이다. 두 덩어리를 감각적으로 표현한다면 왼쪽 덩어리는 남성, 섬세함, 닫힘 등으로 표현되고 오른쪽 덩어리는 여성, 대범함, 개방 등으로 표현된다. 그럼에도 조심해야 할 점은 왼쪽 덩어리가 남성의 역동적 모습이라서 무조건 남성에서 발견되는 성질들만 표현하는 것은 아니다. 대범함, 개방 등은 남성에 주로 나타나는 성질인데도 왼쪽 덩어리에 나타나지 않고 오른쪽 덩어리에 나타난다. 이는 불교적 표현인 '하나도 아니고 둘도 아닌'(不一而不二) 짜깁기에 적합한 성질인지 아닌지가 중요하지 왼쪽 소속이냐, 오른쪽 소속이냐가 중요하지 않음을 보여준다.

지하1, 2층은 암수동체로서 성이 분화되기 이전의 모습으로 주로 지하주차장으로 사용된다. 지상1층은 암수가 뚜렷하게 구분되나 일부는 암수분리체이면서 단일체다. 하나도 아니고 둘도 아닌, 즉 불일이불이(不一而不二)적 짜깁기의 모양새다. 서점, 관리실, 출연자 대기실, 체력단련실, 안내실, 친교실, 식당 등이 있다. 지상2층은 더 이상 암수동체가 아닌 이분체다. 다목적홀의 무대, 선교사무실 등이 있다. 3층에는 다목적홀(337석), 숙직실, 사무실, 지사장실 등이 있다. 4층은 암수 덩어리 간에 분리돼 있으나 연결통로로 연결되어 있다. 뮤직·영상스튜디오, 조정실, 스튜디오, 송출기기실, 주조종실 등이 있다. 5층도 여전히 암수 덩어리 간의 분리가 있으나 연결통로가 있다. 여직원휴게실, 전도홍보사무실, 정원, 예배실 등이 있다. 6층에는 암수 덩어리간 분리가 이루어졌다. 그러나 연결통로는 없다. 게스트룸, 기도실 등이 있다.

부산극동방송에서 암컷(오른쪽 덩어리)−수컷(왼쪽 덩어리) 사이의 환영(幻影)이 서로 간에 연기되면서 다양한 건축요소들이 짜깁기되어 더욱 건축물이 풍요로워졌다. 덩어리를 단일덩어리로 처리할 때보다 훨씬 다채롭다. 하나 아쉬운 것은 방송국은 고층아파트가 위치한 북측에 배치하고 공개홀은 저층건물이 위치한 미디어 산업단지 측으로 배치했다는 점이다. 환영을 연기로 주고받는 입장에서는 거꾸로 배치하는 편이 훨씬 나았을 것이다. 또한 맥락 대응방식이 너무나 1차원적이다. 단순히 원인−결과의 대응방식이다. 높은 쪽에는 높이 대응하고 낮은 쪽은 낮게 대응한다는 식의 맥락대응은 지양되어야 할 것이다. 아래의 기술이 참고가 될 듯하다.

장/단, 고/저', '밝음/어두움', '유/무'들은 이 세계의 모든 현상이 그 자체 자신들의 고유한 의미소를 갖고 있는 자존적이고 독립적인 실체가 아니고 자신들의 존재가 성립하기 위하여, 자기 것들이 아닌 다른 것들의 존재와 성질이 자기 것들 속에 이미 스며들어 와 있고 침식되어 있고, 상감되어 있음을 말한다.

김형효, 「철학나그네」, 2010

건축가 승효상의 최근작들을 보면 양각과 음각이 놀이하듯이 동일한 크기의 여러 개 사각덩어리를 일정한 간격을 띠우고 유무(有/無)의 관계를 통해 배열하여 환영의 연기를 행했다. 또한 빈 공간(無)을 통해 주위 맥락을 조절적으로 받아들였다. 아주 근래의 몇 작품은 두 개의 다른 크기의 사각덩어리(암컷과 수컷)를 양쪽에 두고 연결통로로 결합된다. 이로 인해 유/무의 공간이 형성되고 그것을 통해 주고받기를 한다. 또 다른 시도이다. 그러나 동일한 패턴의 반복인 듯하다. 매너리즘에 빠진 듯하다. 그의 시도가 매너리즘인가, 또 다른 시도인가 두고 볼 일이다. 건축가 승효상의 갈 길이 멀다.

'부산다운 건축'이 다양하게 출몰하려면

전체적으로 올해 '부산다운 건축상'은 여느해와 같이 '부산다운'이 뭔가에 대한 질문으로 시작되었으나 결국에 가서는 건축적으로 완결성이 갖는 것이 '부산다운' 것으로 최종 결론지어졌다. 기능, 형태, 맥락 등이 어우러지는 것, 즉 건축적 상식이 매우 중요했다.

주거부문에서는 도면 등이 미비한 경우, 공사가 진행 중인 것을 출품한 경우, 프리젠테이션의 효과가 영 아닌 경우 등을 제외하고 나니 금상은 없었다. 공공부문의 경우 동남권 원자력의학원이 공공부문의 다른 것들에 비해 발군이었다.

문제는 일반부문이었다. 새항운병원, 김성식치과, 부산극동방송 등이 심사위원들의 눈에 들어왔다. 새항운병원은 작품의 질은 우수했다. 심사위원 중 한 분이 이 작품에 대해 이의를 제기했다. 이것을 설계한 건축가의 일련의 작품들이 매너리즘에 빠졌다는 것이다. 그리고 부산극동방송을 설계한 건축가 역시 매너리즘에 함몰되었다는 것이다. 매너리즘의 길에 접어들었다는 것은 더 이상 창조의 길을 걷지 않고 습관의 그것으로 돌아섰다는 것이다. 그 작품이나 저 작품이나 그것이 그것이므로 더 이상의 새로움이 없다.

새항운병원은 안타깝게 탈락하고 부산극동방송이 금상, 김성식치과가 은상을 차지했으나 부산극동방송이 대상으로 올라감에 따라 김성식치과가 금상이 되었다. 심사위원 한 분이 말씀하시길 "부산극동방송을 설계한 분은 우리나라에서 내로라 하는 분이다. 이런 분은 세계를 상대할 분이다. 그런데 우리나라 부산의 '부산다운 건축'상이 과연 그에게 걸맞는가를 고려해 봐야 한다. 우리나라라는 좁은 공간에 그 위대한 분이 뱅뱅 돌고 있으니 부산건축, 더 나아가, 우리건축이 발전하겠는가? 그래서 그 건축가가 매너리즘에 젖어있는 것이 아닌가?" 나머지 심사위원들은 그 의견에 동조하지 않았다.

건축가 승효상은 '부산다운 건축상 대상'을 움켜쥐었다. 그의 대상이 부산건축가에게 남기는 의미는 무엇일까? 부산건축가들은 부산이라는 지역성을 자신들에게 맞도록 하여 브랜드화시켜야 되지 않을까? 지역성의 건축적 브랜드화, 이는 가능한 일이다. 부산에서 병원건축을 나름대로 브랜드화시키는 건축가의 사례도 있음에 비춰 보면 '부산다운'의 브랜드화가 가능하지 않을까? 부산의 건축이 브랜드화하기 위한 전략은 기본기에 대한 충실이다. '기능=형태=맥락'에 충실하고 매너리즘에만 빠지지 않으면 저절로 '부산다운'이 무엇인지 '나'만의 답이 나온다.

Story 15

동남권원자력의학원

> 부산시 기장군 장안읍에 들어선 동남권원자력의학원. 주건물을 휘어지게 설계했고 그 앞에 기단부 성격의 낮은 건물(포디움)을 배치했다.

대지는 부산시 기장읍에서 1km 정도 떨어진 곳으로 동쪽과 북쪽은 100m 이내의 낮은 산으로 둘러싸여 있고 남쪽과 서쪽은 트여있는 곳이다. 이 대지에 병원을 계획하며 예상되는 어려운 점은 첫 번째로 주진입도로가 서측에 위치해 서향을 피해 정면성을 얻는 것. 두 번째로 대지 중심부에 들어서 있어 대지를 특징짓는 해송 숲을 보존하면서 경관요소로 활용하는 방안이다.

동남권원자력의학원은 부산과 경남 지역이 서울 및 수도권에 비해 암진단 및 치료에 필요한 진료시설이 부족해 많은 부산, 경남권 암환자들이 서울로 이동하여 치료받는 불편을 해소하고자 했다. 원자력발전소가 들어서 있는 부산 기장 지역주민들의 심리적 불안감을 해소하고자 과학기술부에서 암전문병원과 원자력사고 관련 비상진료센터를 한곳에 묶어 건립한 프로젝트이다. 환자의 심리적 불안감 해소를 위해 건축가는 무엇을 하여야 하나? 건축가 이관표(엄&이 종합건축사사무소) 씨는 설계를 통해 환자와 자연과의 교감을 주고받는 데 최대한의 도움을 줄 수 있도록 시도했다.

자연이 전해주는 것

다음의 두 글은 시인과 건축가로부터 나온 글들이다. 그들은 시간적으로 공간적으로 전혀 다른 곳에 위치함에도 자연에 대해 동일한 생각을 하고 있다. '자연은 마음을 일으키고 몸을 되살린다'는 생각이다.

정현종은 그의 시 「자연에 대하여」에서 읊조린다.

> 자연은 왜 위대한가./ 왜냐면/그건 우리를 죽여주니까./ 마음을 일으키고/몸을 되살리며/ 하여간 우리를/ 죽여주니까.'

이 글의 핵심은 '죽여주니까'이다. 이것은 많은 함축적 의미를 띠고 있어 한마디로 정의하기가 어려우나 정의를 내려야 한다면 다음과 같다. '죽여주니까'는 '마음을 일으키고 몸을 되살릴' 정도로 '끝내준다'는 의미다.

> 병원기능을 충족시키면서도 병동과 전면 건강검진센터 매스를 해송 숲을 중심으로 바깥쪽으로 휘게 구성해 해송이 보존되면서도 건물의 중심에 놓이게 해 외부에서 병원을 볼 때 해송과 건물이 어우러져 있는 것으로 보이게, 내부 아트리움(현대식 건물 중앙 높은 곳에 보통 유리로 지붕을 한 넓은 공간)과 로비에서도 아름답고 건강한 해송의 모습이 이용객들에게 보이도록 하였다.

'…암과 투병하며 인내의 세월을 견디어야 하는 환자들에게는 거친 세월을 묵묵히 견뎌온 해송의 늠름한 모습이 위안이 되어 조금이라도 암 치유에 도움이 되길 바란다.' 시에서는 자연의 위대함을 '죽여주니까'라는 묘한 반어법을 사용하여 표현하고 있어 그 위대함은 말로 표현하기 어렵다. 단지 '죽여주니까'라고 외칠 뿐이다. '죽여주니까'의 건축적 대응이 '병동과 전면 건강검진센터 매스를 해송 숲을 중심으로 바깥으로 휘게 구성'함이다. 이러한 대응을 중심에 놓이게

해 환자가 내·외부에서 해송 숲을 바라볼 때 자연은 '끝내주니까'와 같은 위대함이 해송 속에 숨어있음을 눈치 챌 때 환자들의 '마음을 일으키고/ 몸을 되살릴' 수가 있다.

 자연의 위대함을 알수록 그것이 마음을 일으키고 몸을 되살릴 수가 있는 것이다. 왜 우리의 선조들은 졸박미(拙樸美)와 함께 살아갔는가? 자연은 "마음을 일으키고/몸을 되살리며/ 하여간 우리를 죽여주니까". 우리 선조들은 휨이 있는 혹은 흠집이 있는 목재도 과감하게 기둥이나 보로 사용했다. 공사 도중에 큰 바위가 나오면 나오는 대로 그대로 활용했다. 그들은 대지에 있는 장애물을 없애야 할 것으로 보지 않았다. 대지의 요소들과 더불어 살아가야 한다는 생각이 머리에 가득 차 있었다. 그건 우리를 죽여주니까.

해송 숲과 병원 기능의 밀접한 관계

원인·결과의 법칙에 따라 불필요한 것, 유용하지 않는 것, 삐뚤어진 것, 당장 필요 없는 것들을 버리지 않는다. '하여간 자연은 우리를 죽여주니까.' 이 말에는 자연이 우리가 생각할 수 없는 범위를 포괄하고 있음을 은근히 내비치고 있다. 인간의 머리로서는 생각이 미치지 못하는 범위를 자연은 알고 있다. 그래서 '우리를 죽여주니까'라는 말에는 우리가 생각지도 못한 부분을 자연은 알고 있는지 모른다는 의미가 함축되어 있다. 해송 숲을 중심으로 매스들을 바깥으로 휘게 구성한 것도 역시 '우리를 죽여주니까'라는 의미가 내포되어 있다. 그러한 구성이 우리가 생각하는 것보다 훨씬 더 '죽여주니까' 해송 숲의 가치는 이루 말할 수 없다.

 해송 숲의 가치를 '우리를 죽여주니까'와 동일하게 본다면 암환자들의 몸과 마음을 살릴 수도 있다. 따라서 해송 숲이 디자인의 핵심이다. 이것을 건축디자인의 출발점으로 생각한 건축가의 뛰어난 혜안에도 불구하고, 이를 건축물의 배치와 형태에 시각적 요소로만 소극적으로 활용한 점이 아쉽다. 해송 숲을 전경으로 건축물을 배경으로 했으면 어떠했겠나 하는 생각도 든다. 또한 건축물과 주위와의 관계에서 '섞임'이 전혀 일어나지 않는 점이 아쉽다. 그러나 다양한 공간구성과 입면상의 변화, 재질의 단순화 등은 이 건축물에서 뛰어난 점이다.

또한 뒷산과의 관계맺기, 주변과의 관계맺기 등에서는 특별한 제스처를 취하지 않았다. 답답한 1층 공간의 구성을 타파하기 위해 필로티(건물 일부 또는 전부를 기둥을 이용해 지면에서 띄워서 생긴 공간) 등을 설치하여 해송 숲을 볼 수 있는 범위를 넓혔으면 더 좋았을 것이다. 해송 숲에도 무언가를 설치했어야 했다. 하나의 장소로서 말이다.

정현종은 「장소에 대하여」 이렇게 외친다.

> 모든 장소들은/ 생생한 걸 준비해야한다./ 생생한 게 준비된다면/ 거기가 곧 머물 만한 곳이다./ 물건이든 마음이든 그 무엇이든/ 풍경이든 귀신이든 그 무엇이든/ 생생한 걸 만나지 못하면 그건 장소가 아니다…

'생생한 걸 만나지 못하면 그건 장소가 아니다.' 이 병원은 건축적으로 해송 숲과의 관계맺기에는 혜안이 반짝해 생생한 걸 준비했다. 그러나 뒷산과의 관계맺기, 주변과의 관계맺기에서는 그렇게 생생한 것을 준비하지 못했다. 배치와 평면에서 두드러진 점을 살펴보면 다음과 같다.

이 병원의 디자인에서 핵심 구실을 하는 해송 숲과 건축물이 어우러진 모습.

건물과 보존된 해송이 상호작용한다.

'체험'이 배제된 점 등 아쉬움도

주출입구와 건강진단센터의 출입구를 해송 숲을 바라만 볼 수 있는 곳에 두었다는 것은 참으로 고무적이면서도 유감스러운 일이다. 왜냐하면 체험 없이, 즉 해송 숲과 더불어 함께함 없이 그저 바라만볼 뿐인 까닭이다. 장례식장 입구를 주출입구에서 멀리한 것과 비상진료센터 역시 멀리한 것은 교과서적인 배치고 두고 두고 지켜야 할 규칙이다. 연구실 또한 동일한 맥락이다. 1층에는 주로 암센터가 위치해 있다. 갑상선두경부암센터, 흉부암센터, 유방암센터, 자궁암센터, 2층에는 비뇨기과, 혈액종양내과, 순환기 내과, 정신과, 대장암센터 등이 있다. 수술실은 3층에 주로 배열되어있다. 4, 5, 7, 8층은 환자실이다. 4층에서는 심리/언어/음악치료실, 가마실, 미술/도예 치료실, 옥상정원 등이 있으나 공조실의 소음을 피할 수 있는 길이 있을는지 모르겠다. 5, 6, 7, 8층의 병동에 가운데쯤 오픈된 공간이 있다는 것이 놀랍다. 8층에 설치된 외부공간 역시다. 5, 6, 7, 8층에 좀더 소통할 수 있는 오픈된 공간이 있었으면 좋을 뻔했다.

  병원 건축도 이 기회에 일신해야 한다. 습관화된 건축공간 내에 환자 및 보호자만 북적대는 곳에서 병을 어떻게 치료하나? 더 나아가 어떻게 생생한 걸 만날 수 있을까? 생생한 것을 만나기 위해서는 의술로서의, 기술로서의 병원건축을 뛰어넘어야 한다. 그리고 창조의 길을 나서야 한다. 창조란 무엇인가? 기존의 질서를 넘어서는 것이 창조다. 기존의 질서를 넘어서나 결코 무질서로 볼 수 없는 것, 새로운 질서를 의미한다. 그것이 바로 생생한 것이다. 창조는 새로운 삶의 시작이다. 이 세상과의 나쁜 습관적 관계맺기로 인해 몸에 해로운 반복이 되풀이될 경우, 흔히 병이 발생하는 것이다. 창조적 삶은 습관적 관계맺기와의 이별이다.

해송 숲을 중심으로 건물을 휘게 하는 것과 건강진단센터가 해송 숲을 감싸 안은 것은 높이 평가할 만한 점이다. 그러나 건강진단센터는 타원형으로 배열되어야 했는지 의문이다. 포디움(연속적인 낮은 벽 또는 원형극장의 중앙무대를 빙 두르는 나지막한 높이의 단 형태의 시설물) 부분이 전면을 향해 좀더 휘었으면 어떠했을까 하는 생각도 든다.

형태면에서 환자의 마음을 긍정적으로 이끄는 밝은 색상이 바람직한 것으로 생각되나 주위의 자연과 마을에 어울리는 색깔을 사용했으면 더 좋았을 것이다. 형태 자체도 색상과 마찬가지로 맥락을 전폭적으로 수용하는 자세였으면 좀더 나은 건축물이 되었을 것이다.

Story 16

자갈치시장 현대화 건물

자갈치시장 현대화 건물 | 141

> 자갈치시장 현대화사업에 따라 탄생한 이 건물은 부산건축에서 '은유의 복합화'라는 도약을 보여준다. 하지만 총체적으로 볼 때 지역적 대표성에는 아쉬움이 있다. 친수공간에서 본 자갈치시장 건물.

'자갈치시장 현대화사업'의 기본설계 및 실시설계는 (주)삼우설계, 부산의 도흥건축사사무소가 맡아 2003년 12월부터 2006년 6월까지 시행했다. 지금 자갈치시장 형상은 주로 갈매기로부터 왔다. 갈매기의 도약, 비상, 활공과 비전을 담았다. 이것은 부산의 지역성 표출에 있어서 상당한 도약이다. 부산의 지역성을 표출할 때 주로 1:1의 대응논리가 주류를 이루었다. 바다, 바람, 푸른색, 배 등이 자주 등장한 것이다. 그러나 최근에 와서 지역성 표출을 위한 은유에서 복합화현상이 두드러지게 나타났다. '바람과 바다', '푸른색과 배' 등이 복합적으로 나타났다. 시드니 오페라하우스가 때론 조개로, 때론 바다물결로, 때론 공룡으로 보이는 것이 은유의 복합화현상의 한 예다.

지역 건축에서 '은유의 복합화'라는 도약

현대화된 현재 자갈치시장 건물에서도 은유의 복합화현상이 일어난다는 점이 흥미를 끈다. 부산을 대표하는 갈매기를 선정하고 이것의 행위를 '세분'하여 건축물에 형상화시킨다. 이는 부산에서 잘 나타나지 않은 현상으로서 부산의 지역성을 은유화하는 데 새로운 유형을 제시한 것이다.

그러나 여기에는 여전히 문제가 도사리고 있다. 하고 많은 동물들 중에 왜 갈매기를 선정했는가? 부산은 해양수도인가, 갈매기의 수도

인가? 부산 지역의 대표성을 갈매기만 가질 수는 없다. 그렇다고 주민투표로 부산을 대표하는 것을 선정할 수도 없고, 여론조사로 부산을 대표하는 것을 선택할 수도 없고 정말 딜레마다. 갈매기라 하더라도, 훨씬 더 새롭고 과감한 표현의 방식을 찾을 수는 없었을까. 또 하나 고심하여야 할 것은 왜 촉각적인 것, 미각적인 것, 후각적인 것 등의 오감 중에서 구태여 시각만을 고집하는가 하는 점이다.

우선 이 글의 핵심어들인 '형태', '형상', '분위기'에 관해 정의를 해보자. 형태란 내부기능에 의하여 만들어진 것으로 예를 들면 컴퓨터, 텔레비전, 선풍기, 휴대폰의 모양 등은 형태다. 자체의 내적 논리에 의하여 만들어진 것이다. (내부)기능 위주로 외부공간이 배열될 때 '형태'라 한다.

'형상'이란 외적 대상물에 따라 내부가 두들겨 맞춰지는 것이다. 형상은 건축물이 하나의 혹은 여럿의 외적 대상물에 맞춰지는 것이다. 예컨대, 갈매기라는 외적 대상물에 맞춰 건물의 외관을 꾸미거나 형상화하는 것을 들 수 있다. 그리고 지역민이 삶을 통해 상호교감한 대상물 속에 내재된 특성을 촉각화 및 시각화시킨 것이 '분위기'이다. 이것의 구체화가 바로 건축을 포함한 예술이다.

옛 자갈치시장의 상징성에 비추어 보면 현대화에서도 필요한 것은 물론 랜드마크적 요소랄 수 있다. 갈매기라는 외적 요소를 재현한 형상은 기능을 반영해서 만든 것은 아니므로 기능과 형상이 따로 논다고 볼 수 있다. 그런데 건물을 형상화시킬 때 반드시 필요한 작업이 기능을 중재로 모양새를 풀어 형상화시키는 것이다. 자갈치시장 현대화사업 건물에 동원된 갈매기가 진정한 의미에서 랜드마크가 되기 위해서는 기능의 중재로 형상화되었어야 했다. 이 경우에도 여전히 현재 자갈치의 분위기는 옛것보다는 미흡하다.

총체적 차원의 지역성 구현엔 한계 느껴져

특정한 장소는 그 장소에서만 느낄 수 있는 분위기, 즉 장소성이 있다. 그 분위기는 그 지역에서만 느낄 수 있는 지역성에서 유래됐다. 지역성은 장소성들의 바탕이다. 지역성은 화이부동(和而不同)한 장소성들을 갖고 있다. 오감의 종합, 즉 분위기에 의하여 파악되는 장소성이나 지역성을 무시한 채 단지 시각적 요소(갈매기)만 갖고 현대화된 자갈치시장 건물에 자갈치시장의 대표성이 구축되었다고 보기는 어렵다. 갈매기란 시각적 요소를 곧 어떤 장소의 대표, 어떤 지역의 대표로 인정하는 것은 일종의 시각만의 일방적 횡포다. 장소성, 지역성이란 그 장소 및 지역에서 느끼는 '분위기'를 말한다. 이 분위기가 평면과 공간형태를 만드는 데 주도적 역할을 할 때, 건축에서 지역성이 표출되는 것이다.

  자갈치시장 현대화사업 이전에는 그곳에 가면 온몸으로 느꼈다. 그곳이 자갈치임을. 상인들이 10여 년을 현대화사업을 할 것인가, 말 것인가로 옥신각신한 것도 아마 이러한 점이었을 것이다. 그들에게 현대화는 아마 자갈치시장의 정체성을 흐리게 한다고 생각됐는지 모른다. 자갈치가 현대화되었는지는 모르지만 지역민의 삶을 감싸 안는 지역성이 발전적으로 드러나지 못했다. 지금 현대화된 그곳은 이전의 자갈치시장의 고유의 '그 무엇'을 찾기가 힘들다. 왜 현대화된 자갈치시장은 이전의 것과 달라졌는가? 시장에서 오는, 즉 삶을 통해 오는 오감이 종합화돼 분위기가 형성되고 이것이 주도적 역할을 한 옛날의 자갈치시장은 현대화된 지금의 자갈치시장의 그것과 다를 수밖에 없었다. 자갈치의 현대화는 기능성과 효율성에서는 전에 비해 훨씬 뛰어나지만, 갈매기의 형상 및 내부기능에 의해 결정된 형태에 머물고 있기 때문에 지역민의 삶이 시장에 적극적으로 반영되지 못한 듯하다.

자갈치시장이 자갈치다워지기 위해서는 지역, 장소에서 감지될 수 있는 모든 것들과 지역민이 상호교감하여 형성된 '분위기' 자체를 시각화, 촉각화해야 한다. 볼륨감, 개구부의 위치, 색상, 평면 배열 방식, 형태의 패턴 배열 방식, 내·외부의 긴밀한 연결 등을 통해 건축물 전체 분위기를 장소성 및 지역성과 화이부동(和而不同)하게 해야 한다.

상호교감을 통한 '함께함'의 방식을

정현종은 그의 시 「창조」에서 모든 창조의 최상의 길은 '함께함'을 밝혔다. 인간과 대상물 간이 상호교감을 나눌 때만 함께함이 이루어지며 분위기가 형성된다. 이것을 시각화 및 촉각화시키는 것이 바로 건축가의 몫이다.

> 조물주는 만물을 창조할 때/바로 그것들이 되어 그렇게 했다./새를 창조할 때는/새와 함께 날고/개를 만들 때는/개와 함께 뛰었으며/물고기를 창조할 때는/물고기와 함께 헤험쳤다/ 틴토레토의 '동물 창조'에서 보듯이
>
> 「모든 창조의 최상의 길」

같은 지역성을 갖고 있어도, 그 지역성 속의 구체적인 장소들이 표상하는 장소성은 다채로울 수 있다. 이 다채로운 요소들과 더불어 함께하는 정신이 충분치 못했기 때문에 결과적으로 건축물의 전체의 분위기를 장소성 및 지역성과 잘 어울리게 할 수 없었다.

이 건축물의 평면상 핵심은 지상1층과 2층이다. 이전의 시장과 거

의 똑같은 방식으로 배열돼 있다. 또한 1층 외부는 공개공지를 중심으로 다양한 이벤트 장소이자 친수공간으로 계획돼 있어 손님을 끄는 교두보 역할을 한다. 5, 6, 7, 8층에는 옥외 데크를 설치한 것이 특징적이다. 4층에는 열린공간이 개방성 확보에 일조한다. 옥상층에서는 옥상조경휴게공간이 있고 전용계단이 딸려있는 것이 특징적이다.

입면상의 핵심은 입면상의 다양한 변화감에 의해 과거기억 형상화, 시간대별로 장면통제를 하여 활공-도약-비상-비전을 경관조명으로 나타낸다. 단면상의 핵심은 자연환기, 자연채광유입에 따른 에너지 효율성 증대 등이다. 모든 창조의 최상의 길은 '함께함'으로 자연스러운 느낌을 받는 것이다. 갈매기가 활공-도약-비상-비전하는 모습의 형상화가 다분히 임의적이다. 물론 갈매기의 여러 동작을 건축을 통해 복합 은유화했음은 자랑할 만한 일이다. 지붕을 갈매기의 여러 동작으로 변환시킴으로써 면적, 일조, 채광, 경비면에서 손해를 보고 있음에 틀림없다. 평지붕으로 했으면 공사비가 줄어들었을 것으로 추정된다.

부산의 랜드마크로서 역할을 고려하면 어느 정도 투자가 적합했는지, 이런 갈매기 형태로 설계를 해 건물 인지도를 얼마만큼 높일 수 있었는지 등은 세세히 따져보아야 알겠지만, 궁극적으로 중요한 것은 건축가가 건축물로 전환시킬 때 그것과 상호교감했는가 하는 점이다. 시에서, "그것들이 되어 그렇게 했다."는 창조의 순간은 인간과 대상물의 상호교감의 순간이다. 그 순간 초기 이미지가 확보되어 분위기가 형성된다. 건축 조형개념이 막연히 갈매기를 통해 도약-비상-활공-비전이라는 겉모습에서 아이디어를 찾아낼 것이 아니라 '바로 그것들이 되어 그렇게 했다'는 느낌이 와야 한다. 이것이 명백한 창조다.

Coffee Break

또 다른 귀성을 기대해 본다

설날이나 추석 때마다 텔레비전을 통해 고속도로를 숨 가쁘게 메우고 있는 귀성차량 행렬들을 본다. 그럴 때마다 필자는 경이로움을 느낀다. 과연 강제성을 띤 권력의 힘으로 저렇게 많은 사람들을 주기적으로 이동시킬 수 있을까. 귀성객들은 아무런 이득이 없는데도 불구하고 마치 철새가 이동하는 것처럼 줄을 지어 고향으로 고향으로 떠나려고 할까

도시의 삶이란 거칠게 이야기하면 추상적인 삶이다. 도시 속에서는 사물이든지 인간이든지 간에 우리가 직접 느끼고 만난 직접적인 경험을 통해 따듯하게 만나는 것이 불가능하다. 우리 자신들의 논리에 따라 모든 것을 계량화 표준화 개념화된 규격품으로 만들어서 차갑게 만나는 것이다. 인간은 누구나 쉽게 이용할 수 있도록 사회조직의 일원으로서 각자의 역할이 추상적으로 정의되어 있으며 이러한 정의치에서 벗어날 수도 없고 벗어나서도 안 된다.

이런 도시적 상황 아래서 도시인들은 세상 모든 것들을 진정으로 만날 수 있는 기회를 박탈당하고 있다. 효율성이란 미명 아래 모든 것들이 규격화되어 있는 상태에서는 서로가 서로를 착취하고 박탈하려는 시도만 있을 뿐이지, 인간이나 사물을 가슴으로 만나려고 시도하지 않는다. 가슴으로 무엇인가를 만나려고 시도하는 자는 도시적 삶에 어울리지 않는 한심하고 세련되지 못한 어리석은 자일 뿐이다. 현실과 동떨어진 그들의 따듯한 논리는 한심한 논리일 뿐이다.

그러나 귀성의 순간에 도시적 인간은 일순에 차가운 논리를 무너뜨리고 가슴의 논리로 돌아간다. 차디찬 도시인들의 얼굴 뒷면에는 자신의 고향을 그리는 따듯한 피가 흐르고 있음을 귀성행렬에서 읽을 수 있다.

필자는 이러한 귀성행렬을 바라보면서 또 다른 귀성을 기대해본다. 바로 건축의 귀성이다. 지금은 비록 경제적 기술적 논리에 의해

온 도시의 건축이 냉혈적인 그리고 음험한 빛깔로 우리를 거부하고 있지만 건축가들과 건축주들의 마음이 따듯한 귀성객의 마음으로 돌아갈 때 이들의 얼굴 뒷면에 있는 고향의 피가 꿈틀거리기 시작하면서 도시건축에도 정감이 넘쳐 흐르게 될 것이다.

Story 17

한국해양대학교 국제교류협력관

> 전경을 차지하는 바다와 그 앞에 선 사람이 하나로 어우러져 사람이 풍경이 되는 순간을 연출한다. 몸으로 건축물을 느끼는 촉감체험도 가능케 한다.

한국해양대학교 국제교류협력관은 이 대학과 부산항만공사가 국제행사 및 학술발표를 위한 세미나실과 연회실 등을 공동 이용한다. 건축가 안성호(시반건축사사무소)의 작품이다. 설계기간은 2007년 3월부터 7월이다. 이 건축물은 바다로 향해 열린 공간이 인상적이다. 그래서인지 상상을 자극한다.

 이 건축물에 들어서는 순간 나는 벌써 두 가지를 체험하고 있다. 건축물 내에서 무한히 바깥으로 뻗어나가면서 동시에 풍경이 되는 상상적 체험을 하고 있다. 새소리, 날개 소리, 바람 소리, 물결 소리와 하나가 되어 마당 전면에 보이는 바다를 건너 컨테이너 부두를 경유하여 장산 너머까지 미치고 있다. 다른 하나는 내가 그 안 어느 곳에 풍경으로 피어난다는 것이다. 아래 시는 나의 두 가지 체험을 설명하는데 딱 맞다.

> 방 안에 있다가/숲을 나갔을 때 듣는/새 소리와 날개 소리는 얼마나 좋으냐!/
> 저것들과 한 공기를 마시니/속속들이 한 몸이요/
> 저것들과 한 터에서 움직이니/그 파동 서로 만나/만물의 물결/
> 무한 바깥을 이루니…
>
>   정현종, 「무한바깥」

이 시(詩)를 이렇게 바꿔 쓰고 싶다.

방 안에 있다가/바다를 향해 나갔을 때 듣는/갈매기 소리와 날개 소리는 얼마나 좋으냐!/저것들과 한 공기를 마시니/속속들이 한 몸이요/저것들과 한 바다에서 움직이니/그 바닷물결 서로 만나/만물의 물결/무한 바다를 이루니…

자연이 주는 혜택을 최대한 누리고자

국제교류협력관 내 '바다마당'에서 바다를 바라보는 나는 풍경으로 피어난다. 정현종의 시 「사람이 풍경으로 피어나」를 읊조리고 싶다.

사람이/풍경으로 피어날 때가 있다/앉아 있거나/차를 마시거나/
잡담으로 시간에 이스트를 넣거나/ 그 어떤 때거나
사람이 풍경으로 피어날 때가 있다/그게 저 혼자 피는 풍경인지/
내가 그리는 풍경인지/그건 잘 모르겠지만
사람이 풍경일 때처럼/행복한 때는 없다.

내가 '무한바깥'에서 이성적으로만 그렇게 있는 것은 아니다. 내가 망각하고 있는 무한바깥의 깊은 세계에 들어가 그것과 어울려 하나가 되는 '촉각체험'을 한다. 하이데거는 이를 전기에는 '저기-존재(Da-sein)'로 했고 후기에는 사역(fourfold)이라 불렀다. 나를 그냥 여기다 두고 하늘, 땅, 전통, 나가 섞이는 사역 깊숙이 들어가 만지고 대화하는 행위는 '접촉'을 통해 촉각적으로 하나가 되는 어우러짐이다. 하여

튼 시심(詩心)은 사역에서 나온다. 사역을 통해 무한 바깥에 있는 것들과 대화를 나눈다. 그때는 사역과 한통속이 되어 있어 대화 내용을 감지하지 못한 채 나는 그냥 내게로 돌아온다. 나는 느끼지 못했던 것을 곰곰이 다시 생각함으로써 사역과 새로운 감각으로 만난다. 이것은 바로 예술의 원천이 된다.

  사람이 풍경으로 피어나는 것은, 즉 '그 바닷물결 서로 만나 만물의 물결 무한한 바다를 이룬' 곳에서 풍경으로 피어난다는 것은 나는 여기 존재하는 것이 아니라, '저기 풍경'으로서 시각적 존재를 드러내는 것이다. 저기서 시각적 존재로 태어남은 가슴 두근거리는 일이 아닐 수 없다. 그래서 사람이 풍경일 때처럼 행복한 때는 없다. 나는 이미 항상 저기에 망아(忘我)로 존재하므로, 무한의 바다를 이미 촉각적으로 안다. 거기에는 시각적 풍경이 인간의 기억과 상상을 거쳐 피어난다. 무한의 바다를 촉각체험하지 못했으면 풍경으로 태어나지조차 못했을 것이다.

  2, 3층의 하늘마당, 하늘공연장, 전망데크는 무한의 바다를 촉각체험하는 곳이다. 4, 5, 6, 7층의 중정은 하늘의 기운을 받아들이는 곳이다. 하늘마당이 수평적 기운의 흐름이라면 이 건축물의 중정(中庭)은 수직적 기운의 흐름이다. 하늘만 체험할 수밖에 없다. 하늘마당, 하늘공연장, 전망데크에서는 '저기-존재'를 체험할 수 있고 풍경으로 태어날 수도 있다. 그러나 다른 실들은 수직적, 수평적 상호관입이 거의 없다. 이 건축물의 특징은 마당, 데크 등을 통해 외부와 내부의 상호관입이다. 이것은 주어진 자연의 혜택을 최대한 누리자는 의도인 것 같다. 자연이 인간에게 많은 혜택을 줌에도 우리 자신들은 얼마나 자주 그것을 망각하고 있나?

시각을 넘어 촉각체험으로

시인 박재삼은 「햇빛의 선물」에서 이렇게 읊는다.

> 시방 여릿 여릿한 햇빛이/골고루 은혜롭게/ 하늘에서 땅으로 내리고 있는데,/따져보면 세상에서 가장 빛나는/무궁무진한 이 선물을/그대에게 드리고 싶은/마음은 절실하건만/내가 바치기 전에/그대는 벌써 그것을 받고 있는데/어쩔 수가 없구나/다만 좋은 것을 받고도/그저 그렇거니/잘 모르고 있으니/이 답답함 어디 가서 말 할거나.

사역은 이미 우리에게 주어져 있다. 촉감체험으로 모든 것이 주어지건만 우리는 그것을 망각하거나 느끼지 못하고 있다. 이미 주어진 것을 어떻게 드러낼 것인가? 그것이 문제다. 풍경으로 피어난다는 것은 사역이 되어 배경이 되었다가 그 속에서 체험한 시각을 전경으로 들어 올리는 것이다. 배경이라는 촉각체험이 시각적 전경의 바탕이 되는 것이다. 거꾸로 말하자면 시각적 전경을 통해 배경인 촉각체험을 드러낼 수 있는 것이다. 전경에서 배경체험이 가능한 것이다. 건축물 안에 주위의 것들이 내부로 관입하면 외부에 대한 촉각체험이 가능한 것이다. 더군다나 바다가 건축물 주위를 둘러싸고 있다면 바다, 하늘, 전통, 인간의 상호관입에 의하여 비빔밥처럼 비벼진 그것을 통해 촉각체험이 가능해진다. 이 사역에 의하여 비벼진 것은 촉각체험을 가능케 하고 이것이 시각체험의 바탕이 된다. 그래서 인간은 풍경으로 피어날 수 있는 것이다.

인간은 촉각체험을 바탕으로 하여 돌, 나무, 산, 시냇물 등등을 체험적으로 기술할 수 있다. 돌이 되었다가, 나무가 되었다가, 산이 되

벽돌아 너는 무엇이 되고자 하느냐?

었다가, 시냇물이 되었다가. 이러한 '됨'을 바탕으로 우리는 시각적인 것을 얻게 되는 것이다.

　루이스 칸이 "벽돌아 너는 무엇이 되고자 하느냐?"는 말을 던졌을 때 이미 벽돌의 배경을 감지하고 있었고 그 안에서 어떤 형태를, 즉 어떤 전경이 되기를 원하는가를 벽돌에게 물었던 것이다. 건축가가 촉각체험을 통해 이미 이 세상을 이해하고 있다는 것은 축복이다. 촉각체험이 상실된다면 시심이 사라지고 전경만 보는 자로 전락할 것이다. 배경을 상실한 인간, 참으로 비참하다. 촉각체험 속에서 건축을 행하는 자, 그야말로 행복한 자다. 이 건축물에서 가장 잘된 점은 사랑마당 등을 통해 배경을 끌어들이고 있다는 것이다.

리듬감 있지만 어울림·센스 면에선 아쉬움도

이 건축물은 리듬감 있는 루버의 설치는 돋보이나 방파제 구조물(테트라포드)과의 어울림에 문제가 있어 보인다. 그 구조물이 억세고 거친 야성의 느낌을 줌에도 건축물 1, 2층의 마감을 유리로 처리한 것은 만족할 만한 센스가 아니다. 그리고 유리부분(하부)과 방부목(상부)과의 분리를 극복하기 위해 배가 볼록한 얇고 긴 유리박스를 설치하여 전자와 후자의 통합을 위한 장치로서 사용하나 너무 설렁하고 어색한 느낌을 준다. 설렁함은 아마 유리 부분과 인접한 방파제 구조물과의 대비 때문인 듯하다. 건축물이 왠지 아래 부분이 허한 듯하다. 건물 뒤쪽면의 노출콘크리트와 방부목 사이의 관계 설정이 잘 이뤄지지 않고 있다. 구태의연한 창문내기가 답답한 감을 준다.

　한편 평면을 살펴보면 2층의 하늘마당을 계단참이 여러 개 있는 계단으로 올라와 주출입구를 향한다. 그렇지 않은 경우 학교식당의 브리지를 통해 들어오는 방법이 있다 이층에는 다목적실, 관리실 등이 있다. 3층에는 전망데크 2개실, 다목적실 2개실이 있다. 4층에는 중정, 가족실, 2인실 등이 있다. 5, 6층은 4층과 유사하다. 7층은 강의실, 강사대기실 등이 있다. 4층의 중정은 5, 6, 7, 옥상층까지 열려있다.

중정을 통해 실(室)들의 배경이 중정임을, 즉 자연임을 지각한다는 것은 전경 속에 갇혀 있는 인간들을 광복시키는 것이다. 하늘, 바다, 전통, 인간의 일원이 되어 우리 인간이 시각적 전경 속에서 벗어날 때 참된 자유가 돌아온다. 전경은 오로지 환상이다. 풍경처럼 말이다. 하늘, 바다, 전통이라는 동일한 재료를 인간이 집단의 꿈과 기억을 가지고 비빔밥처럼 비비는 것이다. 이 바탕에는 패턴으로 이뤄진 촉각이 있다. 이를 체험하는 것이 촉각체험이다. 이 촉각체험이 바탕이 되어 개인의 꿈과 기억이 첨가되어 다시 비빔밥처럼 비벼지므로 인간은 풍경으로 피어날 수 있다.

Story 18

고가풍 주택에서 아파트의 풍경을
다시 생각하다

> '마당 있는 집'이 보여주는 채움과 비움의 균형은 비움의 공간을 상실한 아파트의 구조와 대비된다.

아파트 10층에 사는 나는 김기택의 시, 「그는 새보다도 땅을 적게 밟는다」를 읽고 정말 의아했다. 사람이 새보다 적게 땅을 밟을 수 있을까? 가만히 따져보니 인간이 확실히 새보다 적게 땅을 밟는다. 그 사실에 크게 공감한 바 있다. 그것은 정말 예리한 관찰력과 통찰력의 소산이다.

> '날개 없이도 그는 항상 하늘에 떠 있고/ 새보다도 적게 땅을 밟는다./ 엘리베이터에 내려 아파트를 나설 때/ 잠시 땅을 밟을 기회가 있었으나/ 서너 걸음 밟기도 전에 자가용 문이 열리자/ 그는 고층에서 떨어진 공처럼 튀어 들어간다./ 휠체어에 탄 사람처럼 그는 다리 대신 엉덩이로 다닌다./ 발 대신 바퀴가 땅을 밟는다./ 그의 몸무게는 고무타이어를 통해 땅으로 전달된다./ 몸무게는 빠르게 구르다 먼지처럼 흩어진다./ 차에서 내려 사무실에 가기 전에/ 잠시 땅을 밟을 시간이 있었으나/ 서너 걸음 떼기도 전에 엘리베이터 문이 열리고/….

아파트에서 땅에 접촉하기란 크게 마음먹지 않으면 어려운 일이다. 일터에서도 또한 마찬가지다. 지금 나의 연구실은 9층에 있다. 학교에 와서 땅을 상대할 일은 거의 없다. 통상 한번 9층에 올라오면 퇴근 때를 제외하고 밖의 땅을 밟을 일이 거의 없다. 시인의 말이 맞음을 또 한 번 확인한다. 이입재라고 이름 붙인 주택에 온 순간 그런 생각이 사라졌다. 오랜만에 땅을 밟고 대문을 거쳐 현관으로 바로 들어가다가 보면 양쪽으로 수공간(水空間)들이 있다. 아파트와는 전혀 다르다.

'비움의 공간'이 하는 역할

이입재에서 인상적인 것은 집 전면에 대응하여 큰 마당이 있고 뒷면에 중정(中庭)형식의 안마당이 있는 것이다. 건축가 김정관(도반건축사사무소)에 따르면 주택의 전면은 정장의 형태이고 뒷면은 캐주얼복 형태란다. 정장이든 캐주얼복이든 간에 옷이 좀 큰 듯하다. 전면의 형태에 격을 둔 것은 주위의 연립주택이나 빌라에 뒤지지 않도록 건물을 H자형으로 만들어 어깨를 당당하게 펴고 있는 모양새를 만든 것이라 한다. 특히 거실을 반 층 높여 주위가 한눈에 들어오게 만들었다. H자형 오른쪽 날개를 살펴보면, 1층에서 아래로 반 층 내려가면 체력단련실, 주차장, 현관 창고 등이 있다. 1층에서 반 층 올라가면 거실, 주방, 식당, 다용도실, 발코니, 데크 등이 있다. H자형 왼쪽 날개에 시점을 맞추면, 1층에는 안방이 있다. 2층에 가족실, 방1, 방2가 있다. 가운데 가족실 및 계단실은 양 날개 소통구의 역할을 한다. 이 비움의 공간으로 인해 양 날개 사이에 상호관입 및 단절이 융통성 있게 조절된다.

   거실이 높은 탓인지 양기가 돈다. 안방은 반 층 아래에 있어서 인지 음기가 돈다. 음양의 조화다. 거실 쪽 마당은 왠지 공적공간인 것 같다. 뒷마당은 사적공간이다. 뒷마당의 사철나무는 침묵으로 일관하는데 반해 앞마당의 소나무는 조잘거리기 바쁘다. 이것도 음양일까?

   각 실마다 독립된 외부공간을 갖고 있는 것이 이 주택의 특징이다.

'마당 있는 집'이 보여주는 채움과 비움의 균형은 비움의 공간
을 상실한 아파트의 구조와 대비된다.

거실은 데크라는 외부공간을, 방1은 발코니라는 외부공간을, 방2는 옥상마당이라는 외부공간을, 주방/식당, 다용도실은 발코니라는 외부공간을, 현관은 수공간이라는 외부공간을, 안방은 뒤뜰이라는 외부공간을 지니고 있다. 이런 장점이 있음에도 거실/식당과 마당의 연결이 원활하지 못한 단점이 있다.

현대식 아파트 주거공간들은 최소한의 외부공간마저도 없애고 있는 실정이다. '비움의 공간'들이 아무 역할을 못한다고 생각했기 때문이다. 원인·결과식 대응이므로 비움의 공간이 있을 이유가 없다. 그래서 아파트에는 비움의 공간이 사라진다. 오로지 채움의 공간들만 등장할 뿐이다. 이젠 아파트에서 유일한 비움의 공간인 발코니도 없앤다. 아파트에서는 채움의 공간들만 인간의 욕망을 은밀히 드러내고 있는 반면에 이 주택에서는 채움과 비움이 어느 정도의 밸런스를 이루면서 조화를 꾀하고 있다.

하늘을 접할 통로가 있다는 것

아파트인 경우 비움의 공간을 상실함으로 인해 외부와 내부 사이 그리고 내부공간들 사이의 관계 조절에 실패했다. 새만큼도 외부공간을 종종거릴 수 없게 되었다. 아니 내부로 들어가면 외부공간과의 신체적 접촉은 정말 어렵게 되었다. 이입재에서는 양 날개의 상호관입 및 단절에 융통성이 있다. 거실과 안방 사이의 비움으로 인해 그것으로 두 실 사이의 관계를 조절할 수 있다. 아파트의 경우 거실과 침실들 사이에 빈공간의 상실로 인해 문에 의해서만 오로지 실 간의 관계 조절을 할 수 있다.

    상기 주택의 경우 비움의 공간으로 간접적으로 실 간의 관계 조절을 할 수 있으나 아파트의 경우 직접적 관계 조절만 가능하다. 비움의 공간 상실은 인간관계의 상실로 이어질 가능성이 높다. 아파트에서 손님이 올 경우 거실로 들어온다. 이때 손님이 바깥사람만 친분이 있을 경우, 다른 가족들은 문을 닫는 것 외에는 방법이 없다. 다른 가족들은 내부와의 완전한 단절을 의미하므로 정말 '방콕'이다. 그러나 상기 주택의 경우 양 날개 가운데 비움의 공간이 있어 구태여 방문을 닫을 필요가 없다. 아파트는 방 하나와 같다. 아무리 방음장치가 잘 되어도 한 방처럼 작동한다. 프라이버시 조절은 방문 하나에 의존한다. 엄밀히 이야기하자면 프라이버시가 완벽하지 못함에 대한 불신이

이입재의 내부 전경. 지붕에 난 천창이 '수직의 커뮤니케이션'을 가능하게 한다.

 결국 거주자의 심리에 부정적 영향을 끼칠 가능성이 상존한다. 상기의 주택은 다르다. 극단적 단절을 피하고 파국적 상황은 멀리한다. 이것은 결국 비움의 공간이 '중간조절자' 역할을 하기 때문이다.

 고급아파트 내부인 경우에도 하늘과의 수직커뮤니케이션이 거의 불가능하다. 그러나 주택인 경우, 그것이 가능하다. 이입재를 예로 들면 중앙홀의 천창은 그런 역할을 한다. 신이 사라지는 이 시대에 필요한 건축적 장치이다. 옛날 대청마루에는 그것을 주관하는 성주신이 있었다. 그런 흔적 때문인지 중앙홀은 왠지 성스러워 보였다. 아마 그 흔적과 상부에 설치된 천창 때문이리라. 둘의 시너지효과임에 틀림없다. 게다가 거실 천장에 있는 LED광선 별자리인 은하수는 하늘의 의미를 신비하게 만들었다. 현관 전면의 양쪽 수공간들과 뒷마당의 바닥분수도 일조한다. 물, 별, 빛 신(神)이 거주하는 곳. 이곳은 우리의 상상이 존재하는 신비스러운 곳이다.

아파트는 성스러운 데가 없다. 규격화, 표준화, 계량화, 채움화가 지배하는 곳에서는 비움의 공간이 없어 신과 신비함이 거주할 공간이 없다. 즉 여유가 없는 곳에서는 상상의 공간이 없고 강퍅한 현실적 공간만 존재할 뿐이다. 여유가 없어짐에 따라 신(神)도, 신비함도 사라진다.

'마당 있는 집'은 이제 꿈일까

이 주택이 아직도 성스럽고 신비한 흔적을 간직한 이유는 물론 주택 내부에 거주하는 각종 장소신(場所神)에 기인하기도 하지만 주택외부의 입지에 거주하는 각종 성스러운 우화 및 동물들에 기인한다. 좌청룡, 우백호, 안산에 얽힌 이야기, 주산에 얽힌 이야기, 조산에 얽힌 이야기, 온통 성스러운 이야기로 주택 내외공간이 가득 차 있다. 주택내외공간에 가득 차 있는 이야기들에다 각 개인의 체험과 상상이 덧붙여져 환상성이 있는 공간을 창출했다.

이리하여 주택 내외부공간은 이야기, 체험, 상상이 만들어내는 시각적 협주곡이었다. 신, 인간, 자연이 만들어 낸 시각적 소리는 집을 둘러싼 풍수형국을 꽉 채운 기운이었다. 누가 우리나라 마을이 마당이 비어있다 했는가. 비어있으나 꽉 차 있는 이 공간을 어떻게 표현할까?

때론 호랑이 이야기가 마을에 비움의 공간을 꽉 채우고 때론 마당의 빈 공간을 꽉 채웠다. 마을의 비움을 채우는 이야기는 일 년 내내 달랐다. 비움의 공간 속에서 봄, 여름, 가을, 겨울의 4계절과 24절기에 따라 역동적으로 전개되는 우화(寓話)로 인해 '반복과 차이'의 공간이었다. 일 년 내내 우화 하나 없는 아파트의 내·외부 공간에서 우리는 무엇을 느낄까? 매일 '반복과 차이'에서 새로움을 발견하는 우리의 옛 모습을 어디서 다시 찾아낼까? 고가(古家)들이 자기네들끼리 은밀하게 '새보다 땅을 적게 밟는 현대인은 과연 반복과 차이의 새로움을 알까?'라고 수군거리고 있음을 나는 비밀스럽게 들었다.

Story 19

반복의 힘
부산시립미술관

반복의 힘
부산시립미술관

> 4개의 V자형 지붕양식을 취하고 있는 부산시립미술관. '차이 나는 반복'을 표현한 이 지붕으로 시립미술관은 영원성과 부산의 상징성을 구현하고 있다.

어느 날 부산시립미술관을 지나고 있을 때 그것의 V형 지붕모양의 반복이 시인 정현종의 「노래에게」를 떠올리게 했다. 반복되는 어휘가 획일적인 반복이 아니라 차이가 나는 반복이었기 때문이다.

> 노래는/ 마음 발가벗는 것
> 노래는/ 나체의 꽃/ 나체의 풀잎/ 나체의 숨결/ 나체의 공간/ 의 메아리
> 피, 저 나체/ 죽음, 저 나체/ 그 벌거숭이 대답의 갈피를 흐르는/ 노래, 벌거숭이/ 武裝도 化粧도 없는 숨결
> 돌아가야지 내 몸 속으로/ 돌아가야지 모든 몸 속으로/ 불꽃이 공기 속에 있듯/ 그 속에서 타올라야지.
> 마음을 발가벗는/ 노래여/ 내 가슴의 새벽이여.

'나체'가 6번 나오고 '벌거숭이'가 2번, '발가벗는'이 2번 나온다. 나체와 관련된 단어가 무려 10회가 나오는 셈이다. 같은 단어를 반복해서 잘 사용하지 않는 시인이 왜 동일하거나 유사한 어휘를 10회씩이나 반복하나? V형의 지붕이 4회, 계단식 정원 5회 등, 같은 어휘를 차이 나게 반복하는가? 시립미술관의 건축가 이용흠(일신종합건축사사무소·회장) 씨는 왜 동일한 건축적 어휘를 차이 나게 반복해 쓰는가? '차이 나는 되풀이'를 통해 영원을 쟁취하려는가?

같은 단어라도 맥락에 따라 나체, 벌거숭이, 발가벗는 등의 뉘앙스

가 제각각 차이가 난다. 즉 나체의 꽃, 나체의 풀잎, 나체의 숨결, 나체의 공간의 메아리 등 나체와 관련된 어휘들이 다 다르다. 시에서 볼 수 있듯이 나체는 똑같은 용어이지만 나체의 꽃, 나체의 풀잎 등은 서로 차이 나는 반복일 뿐이다. 첫 번째 나체가 맥락적으로 결정되는 순간 두 번째 나체가 첫 번째 나체와 차이를 지닌다. 상기의 시립미술관을 예로 들면 V자형 지붕 4개는 각각 '차이 나는 반복'이다.

'나체는 무엇이다'라고 말하는 순간, 나체가 개념화되는 것을 막는 것은 차이 나는 반복에 있다. 이 차이 나는 반복은 맥락에 따라 무한히 존재한다. 그래서 이것을 아직 '발전되지 않은 차이'라 부른다. 반복은 '나체의 ○○' 식으로 그 차이 운동을 만드는 능력인 '반복하는 힘'에 해당한다. 차이 나는 반복을 통해 사람이나 사물이 명쾌하게 보이는 과정의 예를 필자의 지인인 K의 경험을 통해 알아본다.

K가 백인을 처음 만난 것은 초등학교 시절로, 아마 5학년쯤 되었을 것이라고 한다. 그때는 백인을 정확이 구분 못했다고 한다. 몰몬경을 들고 와이셔츠에 넥타이를 매고 있었는데 큰 코, 큰 키만 보이지 누가 누구인지 구분을 못했다. 세월이 지나 42세 즈음 미국으로 이민을 떠났다고 한다. 7년간의 이민생활을 청산하고 한국으로 다시 돌아올 무렵 한국인만큼 백인을 구분할 수 있게 되었다. 희미하게 차이 나는 반복에서 뚜렷이 차이 나는 반복으로 전환된 것이다. 사과를 데생할 경우 처음에는 이쪽 사과나 저쪽 사과나 같아 보이다가 어느 순간부터 구분되기 시작한다. 흐릿하게 차이 나는 반복에서 도드라지게 차이 나는 반복으로 넘어간 것이다.

이 시는 시립미술관의 '차이와 반복' 구조와 거의 흡사하다는 생각이 든다. 시립미술관은 반복체이므로. 이와 아울러 계단식 정원(step garden)과 선큰가든(sunken garden)에서 동일한 패턴이 반복해서 나타나니 위의 시에 못지않은 반복은 실상 차이를 지니고 있다. 이러한 차이가 결국은 건축에서 장소성(場所性)을 만드는 것이다. 이 시도 결국은 나체란 단어들의 맥락에 따른 뉘앙스의 차이 나는 반복이 특성을 이루게 될 것이다. 1995년 건립 당시 시립미술관을 어떻게 해석했나? 궁금하지 않을 수 없다.

이번(당시) 미술관 설계공모 당선작은 전체 11점(부산4점, 서울7점)의 응모작품 중에 파도 물결치는 모습으로 부산을 상징하면서 단순명쾌하고 솔직하게 외관을 표현한 일신(日新) 안이 수작이라는 평가를 받았다.

미술관은 수장, 보관, 전시가 목적이므로 그것 자체가 전경이 되어서는 안 된다. 어디까지나 배경이 되어야 한다. 그림을 붙일 수 있는 풍경 자체가 되어야 한다. 그리고 수장, 보관, 전시가 효율적으로, 기능적으로 이루어져야 한다. 이러한 경우 같은 모양이 차이 없이 반복되는 듯한 미술관도 생길 수 있다. 시립미술관처럼 차이와 반복이 너무 미세할 경우, 일반인은 감지하기 어렵다. 마치 똑같은 반복을 보는 것 같다. 서구철학과 예술이 거대한 동질성에 묶이어 있었던 것처럼 말이다. 세계적인 건축가 루이스 칸은 달랐다. 그는 모더니즘 시기에 이미 차이 나는 반복에서 미세한 이질성을 느끼기 시작했다. 그의 건축적 생애는 모더니즘과의 미세한 차이 찾기라 해도 과언이 아니다. 그의 위대한 작품, 킴벌 미술관(Kimbell Art Museum, Fort Worth, Texas, U.S.A.)은 미세한 차이를 개념에 묶을 수 없다는 식으로 요소 요소에 조금씩 다르게 표현되어 있다. 예를 들면 6개의 칸 사이 열린 공간과 닫힌 공간의 절묘한 차이. 이것이 결국 모더니즘과의 차이라고 볼 수 있다.

부산시립미술관도 킴벌 미술관과 유사한 구조로 되어 있다. 시립미술관은 V자형 지붕 4개를 가졌다면 킴벌 미술관은 거의 반원에 가까운 지붕 6개로 구성되어 있다. 구조, 공간, 그리고 빛의 통합이 6칸 모두 차이가 난다.

　단순, 명쾌하고 솔직한 외관표현은 생각보다는 어렵다. 기능이 우선 단순, 명쾌하여야 한다. 솔직한 외관표현은 기능의 단순, 명쾌함으로부터 나오므로. 대부분의 미술관들이 조형적으로 실패하는 이유는 뭔가를 만들어보려는 건축가의 욕망 때문이다. 자기 작품이라는 생각을 버리고 미술관을 진정으로 작품을 위해 건축할 때 그것은 빛나게 될 것이다. 차이 나는 반복이 생성되는 지점이 바로 여기다. 차이 나는 반복이 요구되는 곳에서는 과감히 그것을 받아들인다. 루이스 칸은 차이 나는 반복을 교묘히 끌어들였다. 노출콘크리트 벽면의 시간화에 따른 차이와 반복. 부산시립미술관은 킴벌 미술관의 차이 나는 반복을 재현한 것 같다. 아니 재현한 것이 아니라 개념화한 것이다.

　시립미술관의 주출입구는 남쪽을 향해 있고 가로등 모양의 열주가 좌우에 배치되어 있다. 주출입구를 통과하는 동안 벽천과 선큰가든을 통과해야 한다. 이외에도 출입구가 세 개 더 있다. 주출입구는 전면에 올림픽공원광장이 있다. 좌측 단부는 곡선형으로 되어 있으며 옥상정원도 곡선에, 계단식 정원도 곡선에 맞추어져 있다. 1층에는 하역데크, 하역장, 수장고, 해체, 포장실 등이 있다. 학예원실, 관장실, 사무실, 로비, 다목적실, 안내, 매표, 물품보관실 등이 있다. 2층에서는 기획전시실이 4개소가 있고 1층으로 오픈된 공간이 4개소 있다. 이외에도 역사전시실 4개소가 있다. 3층에 상설전시실이 4개소, 공예전시실이 4개소가 있다. 이외에도 옥상정원이 있다. 3층의 특이한 점은 2, 3층을 관통하는 열린 공간이다. 이외에도 지하1층이 있으나 별로 중요하지 않으므로 생략한다. 건립 당시 신문기사를 살펴보자.

> 미술관 자체가 하나의 예술작품으로 승화되고, 힘차고 개방적인 부산시민 미술관으로서의 위상에 부합되는 입면을 구성하였다. 전시실 내부 기능의 솔직한 외적 표출, 매스와 면의 반복에 의한 부산의 상징적 부각, 음영의 효과를 고려한 볼륨감과 변화감를 추구하였다.

위의 문장에서 가장 핵심 어구는 '반복에 의한 부산의 상징적 부각'이다. 부산은 다른 도시와는 달리 반복되는 요소가 많다. 적어도 바다와 관련해서 말이다. 파도, 방파제, 갈매기 등. 차이와 반복에 의하여 이러한 것들이 상징적으로 또렷이 부각된다.

4개의 V자형 지붕 형태는 차이 나는 반복만큼 장소성이 획득된다. 한편 2, 3층은 움직일 수 있는 전시공간을 만들었다. 변화할 수 있는 공간이다. 이에 비해 입면은 반복이 수없이 되풀이된다. 왜일까? 인간은 안주하기를 원한다. 동시에 변화하길 원한다. 영원성 속에서 변하기를 바라는 것이다. 모순이다. 시에서도 나체의 'ㅇㅇ'으로 차이 나는 반복을 통해 영원성을 획득하듯이 미술관에서는 V자형처럼 생긴 것들의 반복을 통해 영원성이 획득된다. 2층에서는 내부의 융통성 있는 평면변화를 통해 변화무쌍함을 얻는다. 이 세상에 반복만 존재하지 않는다. 그렇다고 차이만 존재하지도 않는다. 똑같은 건물은 없다. 차이 나는 반복 때문이다. 미세한 차이, 잘 되풀이되지 않는 반복도 잡아내어 건축적 차이와 반복을 만드는 시대가 도래했다.

Story 20

부산대 인문관

> 전체 캠퍼스 건물들을 통합하는 상징적인 구심점 역할을 하고 있는 부산대 인문관 전경. 부산대에서 유일하게 호연지기를 기를 수 있는 곳이기도 하다.

건축가 '김중업 씨(이하 김중업으로 표기)는 1950년대 말에 4개 대학교, 즉 부산대학교, 건국대학교, 서강대학교, 수도여사대(현 세종대학교)의 건물 설계에 참여하였고, 1960년대 중반부터 제주대학의 많은 건물을 설계하였다. 김중업이 설계한 대학교 건물들은 주로 1950년 말에 설계되었기 때문에 그의 초기 건축경향이 잘 나타난다. 설계는 매우 기능적으로 이루어졌고, 또 건물의 형태는 프로그램을 적절하게 반영하고 있다. 그렇지만 제주대학을 제외한 초기 건물들은 김중업이 자기 세계를 확립하지 못한 상태에서 설계가 이루어졌기 때문에, 여기서도 여러 가지 모방과 변용이 이루어지게 된다.'

이 주장을 간략히 하면 세계적 건축가 르 코르뷔지에(1887~1965)의 제자로 그의 문하에서 갓 벗어난 김중업(1922~1988)은 아직 자기의 세계가 형성되지 않아 르 코르뷔지에의 세계의 모방과 변용으로부터 벗어나지 못하고 있었다는 것이다.

대지는 경사가 상당히 심한 계곡의 중턱에 위치해 있다. 이런 대지의 특성은 산의 계곡을 따라 선형적으로 전개된 부산의 지리적 특성과 관련된다. 첫째 이런 지형적 특징을 살리면서 건물을 삽입하자는 것이고 두 번째는 이 건물을 통해 전체 캠퍼스 건물들을 통합하는 상징적인 구심점을 부여하기 쉽도록 이동축을 설정하는 것이었다. 이런 점에서 본다면 이 건물은 어느 정도 그런 기대를 충족하고 있다. 교문으로 향하는 진입로에서 바라볼 때

뒤쪽의 산을 배경으로 이 건물은 전면에 우뚝 솟아 힘찬 기운을 허공에 내뿜고 있고, 그래서 다양한 형태로 건설된 주위의 건물들을 통합하고 있다.

상기의 두 인용문은 한양대학교 정인하 교수의 글 「김중업 건축론」으로부터다.

중앙홀 T자형 계단의 기능

지형적 특징을 살리면서 건물을 삽입하는 것, 이 건축물은 전면에 우뚝 솟아 힘찬 기운을 허공에 내뿜는 것, 다양한 형태로 건설된 주위의 건축물을 통합하는 상징적인 구심점 구실을 한다는 점 등의 어구를 보아 "르 코르뷔지에 세계의 모방과 변용이 부산대학 인문관을 지배하고 있다."는 정 교수의 주장은 오히려 설득력 없이 들린다.

그는 「김중업 건축론」에서 김중업 초기작품인 부산대 인문관의 자기 정체성 상실을 주장한다. 그의 주장에서 몇 가지 의문을 발견할 수 있다. 자기 정체성도 지니지 않은 건물이 허공에 힘찬 기운을 뿜어낼 수 있겠는가? 모방과 변용은 자기 정체성의 확보와 서로 반비례 관계에 있다. 게다가 지형적 특징의 살림, 상징적 구심점 역할 등은 자기 정체성이 없이 이루어질 수 없다. 자기 정체성이 바로 '정신'이 된다.

부산대학교 인문관에 들어서면 그 정신을 만난다. 무신경하게 보아 넘기던 것들이 정신을 싹틔우고 있으므로. 시인 정종현은 시, 「정신은 어디서나 싹튼다」에서 읊조린다.

정신은 어디서나 싹튼다/ 비에 젖어 햇빛에 반짝이는 나뭇 잎에서/ 번개와도 같이 그건 싹트고,/ 창밖으로 지나가는 사람의 배경이/ 그 움직임을 씨앗으로 하여 팽창할 때/ 그건 꽃필 준비가 되어 있으며,/ 활성(活生) 슬픔에서는 물론/ 굴광성(屈光性)의 기쁨에서도 정신은/ 싹튼다./ 그 어디서나 정신은 싹튼다.

그렇다. 건물 구석구석에도, 천장 구석구석에도 계단 난간의 핸드레일에도, 5층까지 올라가는 계단의 구석구석에도, 창문의 유리창에도 정신이 보인다. 시공간의 압축으로 인해 희미해졌지만 활성의 슬픔에서나 굴광성의 기쁨에서도 정신이 싹튼 흔적이 있고 지금도 싹튼다. 슬픔에서나 기쁨에서도 이 대학의 정신을 가진 것이 이 중앙홀이다.

중앙홀은 T자형 계단 좌우면이 5층까지 열려있는 다목적 중앙홀이다. 친구를 기다리는 대기실, 풍광을 즐기는 정자, '열공'하는 학습실, 휴식하는 휴게실, 햇빛과 달빛, 별 등을 만나는 관측소, 이런 사소한 것보다 중요한 것은 이 대학의 정신들이 소통하여 자기 정체성을 구축하는 곳이라는 점이다.

그 정신은 좌로 우로, 앞으로 뻗친다. 좌청룡, 진산, 우백호의 형국이다. 진산에서 뻗친 정신(氣)은 왼쪽의 청룡 부분이 강해 진산에서 청룡 부분까지는 짧고 진산에서 백호까지는 허해서 길다. 앞의 구월산은 안산(案山)인 셈이다. 온천천은 풍수에서 말하는 내수(內水)이고 말이다. 중앙홀의 정신은 여름날 아침이 되면 안다. 여름날 아침에 중앙홀을 들어가보면 안다. 모듈러에 의하여 요리조리 박아 넣은 장변의 직사각형의 붙박이창들로 보이는 물기 젖은 나뭇잎을 보면서 시인 정현종의 「아침」을 되뇐다. '새날/풋기운!'을 느낀다. "정말 운명 같은 것은 없나봐." 라고 중얼거린다.

인공선과 대조된 자연선의 아름다움

아침에는/ 운명 같은 건 없다./ 있는 건 오로지/ 새날/ 풋기운! 운명은 혹시/ 저녁이나 밤에/ 무거운 걸음으로/ 다가올는지 모르겠으나/ 아침에는/ 운명 같은 건 없다.

아침에는 중앙홀을 중심으로 정신을 만난다. 워낙 기운이 풋풋해 운명 같은 것은 없다. 설사 저녁이나 밤에 축 늘어진 나에게 운명이 엄습해온다 할지라도 아침에는 의기충천하노라. 마치 젊은 시절에는 노년시절이 두려운지 모르는 것처럼 말이다. 중앙홀, 이곳이 학교 내의 중심이 될 수밖에 없다. 새벽에 동이 틀 때 인문관이 빛을 받아 생기는 아우라를 통해 정말 '새날/풋기운!'을 느낀다. '운명은 혹시 저녁이나 밤에 무거운 걸음으로 다가올는지 모르겠으나' 인문관과 그것의 아우라를 보고 있노라면 "아침에는 운명 같은 건 없다."

건물의 주요 배치를 보자. 지상 1층을 보면 우선 중앙홀이 T자형 계단이 있는 계단실이다. 좌측에는 통합관리실이 있고 우측에는 필로티가 연속적으로 70m 가량 있으며 주먹처럼 생긴 부분에 12개 학생회실이 있다. 2층에는 중앙홀 좌측에는 화장실, 강의실, 정보검색실이 셋 있다. 우측에는 학생회의실, 여학생, 강의실이 자리했다. 지상3층 평면도의 골격을 보면 중앙홀의 왼쪽은 화장실, 전시실, 자료전시실, 자료보관실이, 우측에는 강의실 등이 있다. 지상 4층 좌측은 과제도서실, 전화기계실, 일반실습실 2개, 강의실, 멀티미디어실이다. 5층도 유사한 구성이다. 평면 및 단면은 시원하고 대범하다. 김중업의 말처럼 고구려의 기상을 닮았는가 하는 생각이 든다. 요즈음 째째함과 옹색함이 판을 치는 판에, 부산대에서 유일하게 호연지기(浩然之氣)를 기를 수 있는 곳이리라.

한편 흰 벽선을 따라 가지런한 5층의 지붕선은 산과 평행을 이루면서 쭉 뻗어나간다. 인문관의 흰 윤곽선이 자연과 절묘한 대조를 이루어 인공선과 대조된 자연선이 얼마나 아름다운가, 자연선과 대조된 인공선은 얼마나 매혹적인가를 알 수 있다. 그러나 불행히도 뒤편에 선 산학협동관을 필두로 여러 건물들이 이 선을 파괴한다. 이 선이 부산대 공중의 중심축이 되어야 했다. 건물들을 지을 때 인문관의 지붕선이 축이 되어 다채로운 선의 연주가 이루어졌더라면 아름다운 선들의 합창이 캠퍼스에 펼쳐졌을 것이다. 인문관의 평행선은 허공의 중심축이 아니라 조형의 중심축이 되었어야 했고, 되어야 한다.

문화재 지정 가능성 보여

캠퍼스 자체가 김중업의 정신세계의 변이를 이루면 어떠했을까? 건축가들마다 가지고 있는 개성과 김중업의 정신세계의 만남, 이런 식으로 건물들이 지어졌더라면 색깔, 형태, 매스가 각양각색을 이루면서 화이부동(和而不同)한 조형세계를 이뤘을 것이다. 또한 김중업의 예술세계와 학생들이 만나 오색찬란 다양한 학문세계가 만들어지는 데 기여하지 않았을까?

부산대학교 인문관에 가장 가까이에 있는 것이 인문관 옆 교수 연구동인데 너무나 다른 건축언어를 구사하고 있다. 옹색한 필로티, 답답한 서쪽 창들, 모듈러의 차이. 앞으로 문화재로 지정될 가능성이 있는 인문관에 교수연구동이 너무 바싹 다가가 있어 그것을 감상할 기회를 미리 박탈한다. 인문관의 기운에서 생성된 교수연구실, 더 나아가 인문관에서 나온 상상력에 의해 생성된 캠퍼스, 정말 그 어디서나 김중업의 정신이 싹트는 살아있는 아름다운 캠퍼스에 '새날 풋기운'이 풋풋하게 올라왔으면….

Story 21

도심 속 작고 소박한 것의 빛
플래닛빌딩

> 커다란 빌딩 숲 사이에 작고 낮지만 존재감을 분명하게 드러내는 플래닛빌딩(사진 가운데 가장 낮은 건물)이 수더분한 모습으로 눈길을 끈다.

청년시절 애송했던 「빛」이라는 시가 있었다. 몇 줄기의 빛인지는 모르나 지금 이 순간 여덟으로 기억하고 싶다. 왜냐하면 수십 년간 내 머리 속에 잠자던 '팔복'(마태복음 5장)이 기억났으므로. 다윗처럼 복을 지닌 자가 결국은 빛이 될 것이라는 기억도 함께 떠올랐다. 천국은 여덟(많은 수를 상징함 그러나 꽉 차지 않음)빛이 모여 하나가 되는 곳이리라. 그렇게 기억하는 또 다른 이유는 예술작품은 빛이 여덟 줄기는 아니지만 또한 여러 개의 존재 빛이 모여 하나의 빛이 되는 건축물이기 때문이다.

> 모든 인간 존재로부터는/ 하늘로 똑바로 올라가는/ 한 줄기 빛이 나온다.
> 함께 있기로 운명지어진/ 여덟 영혼이 서로를 발견하는 순간/ 여덟 빛줄기는 하나가 된다.
> 그렇게 해서 하나가 된 여덟 존재로부터는/ 더 밝은 한 줄기의 빛이 비쳐나온다.
>
> 작자미상

마태복음 5장을 빛으로 번안(飜案)해본다.

골리앗 곁에서 선 다윗 연상

빛 하나, 심령이 가난한 자는 복이 있나니 천국이 저희의 것임이요. 빛 둘, 애통하는 자는 복이 있나니 저희가 위로를 받을 것임이요. 빛 셋, 온유한 자는 복이 있나니 저희가 땅을 기업으로 받을 것임이요. 빛 넷, 의에 주리고 목마른 자는 복이 있나니 저희가 배부를 것임이요. 빛 다섯, 긍휼히 여기는 자는 복이 있나니 저희가 긍휼히 여김을 받을 것임이요. 빛 여섯, 마음이 청결한 자는 복이 있나니 저희가 하나님을 볼 것임이요. 빛 일곱, 화평케 하는 자는 복이 있나니 저희가 하나님의 아들이라 일컬음을 받을 것임이요. 빛 여덟, 의를 위하여 핍박을 받은 자는 복이 있나니 천국이 저희 것임이라.' 여덟 개의 빛이 모여 온 세상을 밝히리라.

  부산 부산진구 부전동의 플래닛빌딩을 보고 왜 마태복음 5장이 생각났을까. 아마 뒤쪽에 골리앗처럼 우뚝 선 롯데호텔 빌딩 때문일 게다. 롯데호텔과 대비된 플래닛은 마치 다윗 같았다. 심령이 가난한 이가 설계했을 것이란 생각이 들었다. 심령이 가난한 자는 고정관념을 지니고 있지 않은 사람이다. 그는 마음이 정말로 유연한 사람이다. 심령이 가난한 사람은 편견 없이 소통한다. 저 건물은 인간의 마음을 건드리는 속 깊은 구호성 가시가 전혀 없어 보인다. 정면에서 건축물을 바라볼 때 좌측 상단에 22.3m×5.4m 크기의 티타늄 아연판이 유일한 건축적 악센트이고 그 외의 군더더기는 전혀 없다. 자그마한 대지에 솔직히 표현하는 건축이 무슨 고정관념, 편견, 구호성의 가시 등을 지니고 있겠는가. 이 건축물은 건축의 이즘이나 사조와 전혀 관련 없는 건축물이다. 그냥 이름 없이 들판에 던져진 돌멩이와 같다. 이곳을 자주 왕래하는 사람들 중 이 건물을 전혀 본 적이 없다고 말하는 사람들이 대다수이다.

애통해하는 자는 의로움을 갈망하는 이다. 의로움은 무엇을 말할까. 기독교에서 보자면 예수에 대한 갈구와 목마름이다. 건축에서는 무엇을 말할까. 이상적인 이미지에 대한 갈구이다. 아마 일본 건축가 안도 다다오(69)에 대한 갈구와 목마름인 듯하다. 안도식의 노출콘크리트에 대한 염원이 있었지만 시공상의 하자발생 우려로 재료를 압출성형 시멘트 패널(노출콘크리트 디자인)로 바꾼 것을 보면 작가는 안도 다다오의 작품을 항상 이상적 이미지로 생각하고 있는 듯하다. 허나 건축가들은 안도보다는 훨씬 소박하고 심령이 가난한 사람들인 듯하다. 안도는 여러모로 수사법을 사용하나 이들은 수사법이라곤 없다. 그냥 있는 그대로이다.

크고 화려한 롯데호텔과 달리 이 건축물은 무척 자비롭다. 큰 건축물에 접근할수록 내부의 화려함과 힘든 길찾기에 사람들은 주눅이 들어 볼일을 보러 가는데도 머뭇머뭇한다. 이 건축물은 내부로 접근하기가 큰 건물에 비해 훨씬 수월해 외부사람도 누구든 화장실을 쉽게 이용할 수 있게 되어 있다. 큰 건물에서 '길찾기'가 힘들어 끙끙 앓던 사람도 이 건물에만 들어서면 길찾기가 정말 쉽다. 미래로 나아갈수록 건축물의 길찾기가 더욱 어려워질 것이다. 미국에서는 길찾기(way-finding)가 건축학의 한 분야가 되어있을 정도로 길찾기가 어려워지고 있다. 길찾기가 중요한 일상사가 되어가고 있는 이즈음에는 단순한 동선

을 지닌 건축물을 찾기가 어렵다. 앞으로 건물 내에서 네비게이션을 들고 다녀야 할지 모르겠다.

작지만 제 기능 감당하는 내부 공간들

이 건물의 장점 가운데 하나는 건축가들이 순수한 마음을 그대로 드러낸다는 것이다. 꾸밈 없이 전면에 툭툭 던져진 창들 속에서 우리는 무한한 가능성을 본다. 엘리베이터를 타고 혹은 계단을 타고 올라가 손바닥만 한 크기의 로비에 서서 창을 통해 도시 일상의 모습을 대하면 그것이 마치 확대된 것처럼 보인다. 다시 사무실에 들어가면 발바닥만 한 크기의 내부에서 전면창들을 가로질러 '강호동 머리'만큼 큰 도시의 일상을 마주한다. 이 자그마한 빌딩의 어떤 창을 통해 외부를 보더라도 현미경에서 보는 것처럼 확대된 일상을 보게 된다. 습관적으로 그것이 그러려니 하고 무관심으로 일관하며 살고 있는 우리는 확대된 일상에 정신이 번쩍 든다. 이 건물 안에서는 바깥의 모든 것이 낯설고 크게 보인다. 상대적으로 좁은 내부공간 탓이리라.

　영화 〈존 말코비치되기〉의 7과 1/2층처럼 자그마한 공간에서도 우리가 충분히 살 수 있음을 인지한다. 필요 이상 큰 것에 대한 선호를 확실히 알 수 있다. 우리가 일상 안에 머물고 있는 한 그것이 만성이 돼 큰 것도 큰 것으로 느끼지 못한다. 이 건물에 들어서면 갑자기 일상적 욕망의 게걸스러움을 간파한다. 이를 깨닫고 거듭날 때 아마 우리는 신을 볼 수 있을 것이다. "마음이 청결한 자는 복이 있나니."란 의미를 잘 느낄 수 있다.

　이 건축물은 화평함을 느끼게 해준다. 내부에서는 넓지 않은, 물론 일반적으로 생각하는 사무실, 엘리베이터, 로비 등의 크기에 비

도심 속 작고 소박한 것의 빛
플래닛빌딩

빌딩 내부 모습. 소박한 창을 통해 찬찬히 바깥의 도심을 볼 수 있도록 해준다.

해 턱없이 작지만 그렇다고 좁지 않은 사무실의 딱 적당한 크기의 엘리베이터, 계단실, 화장실 등이 마음을 화평케 한다. 내부공간에 들어서면 마치 일상의 복잡함에서 피신해온 사람처럼 편안함을 느낄 수 있다. 여기서는 일상이 너무 멀리 보인다. 저쪽은 거인들이 사는 다른 세상.

바닥 널이 깔린 곳을 이 건물 사람들은 '데크'라 부른다. 그곳은 1층의 근린 생활시설로서 약 85cm 뒤로 밀어 배치되고 데크의 길이는 7.4m다. 복잡한 도시로에서 이탈하거나 혹은 비를 피하는 안도감이 있는 것이다.

이 건축물의 간판들은 모서리의 간판걸이에서 조용히 있으라고 경고를 받은 모양이다. 전면 오른쪽 모서리와 나란한 간판집합장소인 간판걸이가 약 15m의 길이로 서있다. 아마 시청이나 구청의 조례에 따른 듯하다. 시청이나 구청에서 하는 일은 공공성이라는 이름으로 간판들의 오와 열이 맞도록 한곳에 정리, 정돈하도록 명을 내리는 것이다. 전면 간판들도 간판걸이에 길게 세워 배열하지 말고 전면 창들처럼 자유롭게 정면에 적당히 툭툭 던지듯이 미학적으로 배열될 수 없을까. 하여튼 건축설계에 적용되는 법규나 조례의 항목이 왜 그리 많은지. 건축법규나 조례의 까다로운 항목이 있음에도 이 건물은 "의를 위하여 핍박받는 자는 복이 있나니."라는 구절처럼 서 있다.

차분한 졸박미 간직

건물의 폭과 길이가 4.1m×9m이고 7층이다. 마치 몇 호의 자그마한 집들이 수직으로 군집해 있는 하나의 마을 같다. 내부 벽의 마감도 두께 30mm 시멘트 몰타르에 투명에폭시 마감이어서 그런지 오래된 집처럼 보인다. 바닥도 시간이 꽤나 오래 흘러간 집처럼 보인다. 각 층의 바닥이 시공상의 문제인지 고의성인지 7층 바닥에서 전면 창틀과 바닥들 틈 사이로 1층 바닥이 보인다.

질서 정연함 속에 있는 파격의 창호배치, 어쩐지 아귀가 맞지 않는 듯한 각층들 사이의 틈새, 새 건물의 오래된 듯한 마감, 광택 나는 재료의 사용 배제, 텅 빈 시각으로 바라볼 여지가 있는 열린 공간의 개구부 등에서 이 빌딩의 졸박미(拙樸美)를 느낀다. 졸박미, 건축작품, 여덟까지의 복(福)을 받은 자 등이 하나의 빛이 됨을 느낀다. 존재는 빛이고, 모이면 더 큰 줄기의 빛이 되는 모양이다. 바다 같은 빛을 모으기 위해서는 어떻게 해야 할까?

Story 22

안과 밖의 그리움
수영강변 크리에이티브 센터

> 부산 수영강변의 크리에이티브 센터는 밖에서 보면 견고한 성 같은 느낌과 바깥을 향해 열려있는 인상을 동시에 준다. 안과 밖이 서로 그리워하는 형상을 읽을 수 있다.

센텀시티 건너편 수영강변로를 유심히 살펴보면 돌처럼 견고하나 열려있는 집이 나타난다. 워낙 견고해서 난공불락의 성 같으면서 허허로운 들판 같다. 마치 「아라비안 나이트」의 이야기처럼 '열려라 참깨'하면 돌문이 열리고 새로운 세계가 펼쳐질 것만 같았다. 그 세계에 가기 위한 대문으로 향하는 경사진 길은 참으로 편했다. 이상하다 생각했더니만 장애인 겸용의 경사로였다.

경사로 주위는 사랑마당 같은 것이 산뜻하게 펼쳐져 있었다. 대문은 강철을 프레임으로 하여 틈새를 두고 촘촘히 짜인 긴 목재 막대기로 돼 있었다. 안이 보일 듯 말 듯한 대문을 열고 들어가니 바깥마당에서 그렇게 그리워하던 곳의 속내가 드러났다. 안마당이었다. 정말로 안과 밖은 서로 그리워하는구나. 정현종의 시 「이 노릇을 또 어찌하리」가 떠올랐다.

> 안은 바깥을 그리워하고/ 바깥은 안을 그리워한다/ 안팎의 곱사등이/ 안팎 그리움
> 나를 떠나도 나요/ 나에게 돌아와도 남이다/ 남에게 돌아가도 나요/ 나에게 돌아와도 남이다/ 이노릇을 어찌하리
> 어찌할 수 없을 때/ 바람 부느니/ 어찌할 수 없을 때/ 사랑하느니/ 이 노릇을 또/ 어찌하리.

이 시를 풀어본다.

디자인 전문업체 이인의 사옥과 연구소

안은 밖을 그리워하고 바깥은 안을 그리워하여 안팎의 곱사등이 되었다. 그런 곱사등이가 된 나는 나를 떠나서 다른 세계를 보았다손 치더라도 나는 나일 뿐이다. 그 곱사등이인 내가 나에게 돌아와도 남일 수밖에 없다. 이미 남을 경험했기 때문이다. 또한 남에게 돌아가도 나일 수밖에 없다. 나에게 돌아와도 여전히 남이다. 안팎의 곱사등이라는, 나와 남으로 구성된 제3의 인물은 어차피 나도 아니고 남도 아니다. 또한 나이자 남이다. 이처럼 나와 남을 보는 관점이 달라지면 나와 남도 달리 보인다.

'안팎 그리움' 때문에 '나를 떠나도 나요/ 나에게 돌아와도 남이다/ 남에게 돌아가도 나요/나에게 돌아와도 남이다'. 이런 순간에 바로 바람 불고 사랑이 다가온다. 건축적으로 이야기하자면, 안과 밖은 서로에 대한 그리움 때문에 안팎이 상호교류하는 제3의 세계, 즉 창조적 세계가 형성됨을 알 수 있다.

"참, 왜 이런 마당을 쓰임새도 없이 여기 두었을까." 생각하는 순간, '여기 빈 공간이 있으므로 주위의 실(족)들(사무실, 카페테리아)이 산다' 라고 건축가 고성호는 이야기한다.(이 건축물은 건축가는 고성호와 경희대 건축과 교수인 정재헌 두 사람이다) 정말 그랬다. 사무실과 카페테리아 등이 안마당이 있음으로 해서 생생하게 살아있는 공간이 된다. 모든 것이 관계맺기를 통해 소생하는 듯했다.

법규상 건폐율이 정해져 마당의 일정 부분을 기왕에 비워야 한다면 그 비움의 공간을 마당으로 활용하는 것이 좋다는 것이 건축가의 견해였다. 당연한 말이다. 그냥 놀리느니 땅을 안마당으로 활용하고 주위를 소생시키는 역할을 한다면 이 얼마나 좋은가? 공원도 한 가지다. 기왕에 빈 땅을 두어야 한다면 주위와 연계시켜 개발하는 것과 같은 이치다. 시에서처럼 나와 남이 서로를 위한다면 '…나를 떠나도 나요/나에게 돌아와도 남이다/ 남에게 돌아가도 나요/ 나에게 돌아와도 남이다…'.

 1층 부분은 어딜 가나 안마당이 보인다. 1층 안마당은 1층 전 구역 시선의 중심이다. 1층은 철저히 각 실과 안마당과의 관계맺기다. 1층에서는 고의적으로 외부로 향하는 시선을 차단시켜 1층 내부만을 볼 수 있도록 하였다. 2층에서는 이웃과의 관계맺기로 이웃과 소통이 원활하다. 3층에서는 수영강을 쉽게 볼 수 있다. 4층에서는 더 넓은 커뮤니티를 볼 수 있다. 옥상은 하늘옥상으로 하늘만 볼 수 있다. 시의 '나와 남'처럼 이 건물의 현재와 과거도 나와 남의 관계다. 뒷마당의 상당 부분도 현재와 과거가 나와 남의 관계에 비유된 것이다.

다양한 종류의 빛을 읽을 수 있어

평면부터 살펴보자. 1층 주출입구는 동쪽에 있고 동쪽갤러리, 정문에 바로 인접하여 앞마당이 있다. 앞마당과 접하여 1층 로비가 있다. 1층 로비(1층 대청마루)의 왼쪽으로는 서쪽갤러리, 계단실, 우측으로는 화장실과 다목적용 홀이 있다. 2층 로비(2층 대청마루)에서 볼 때, 왼쪽과 오른쪽 모두 사무실이다. 3층은 컨퍼런스룸(3층 대청마루)을 중심으로 왼쪽으로 사무실이 있고 오른쪽으로 CEO의 사무실, 카페테리아 등이 있다. 4층에는 게스트룸과 옥상정원이 있는데 이를 하늘마당이라 부른다. 뒷마당도 있어 이 마을의 쌈지공원 역할을 한다. 불투명 유리를 통해 일광과 반사광의 자연광을 고루 받아 뒷마당에서 4층까지 직통으로 뚫린 계단실이 마치 하늘에 부유하는 듯하다. 게다가 계단실마다 둘러쳐진 불투명강화 유리에 의해 사람이 구름 위로 부상하는 듯하다.

'안은 바깥을 그리워하고/ 바깥은 안을 그리워한다'. 이 구절은 어떻게 번안될까? 이 부분은 결론에 해당된다. 결론적으로 안팎 상호 침투의 제3의 세계형성이다. 안팎이 그리움으로 꽉 차 있다. '나를 떠나도 나요 / 나에게 돌아와도 남이다./ 남에게 돌아가도 나요./ 나에게 돌아와도 남이다'. 이 말은 안과 밖의 대상 구분이 흐릿하다는 것이다. 그러나 바람과 사랑으로 인해 하나가 될 수 있다. 주객합일의 경지이다. 그래서 '나를 떠나도 나요/ 나에게 돌아와도 남이다/ 남에게 돌아가도 나요.' 안과 밖이 처음에는 소통불일치였으나 나중에는 소통하게 된다.

안팎이 합일되는 제3세계 요소를 찾아본다. 자연채광, 자연환기, 다양한 자연과의 교류(옥상잔디, 하늘마당, 틈 사이가 촘촘히 가로로 있는 대문, 뒷마당, 다양하게 체험되는 마당들).

크리에이티브 센터의 1층. 안마당의 존재가 주변 공간에 생기를 준다.

크리에이티브 센터에서 우리가 얻을 수 있는 것은 다양한 빛 읽기이다. 대문에 들어서기 전의 경사로에서 느끼는 일상성의 빛, 안마당에서 일상성의 빛, 창을 통해 수영강변을 통해 바라보는 빛, 계단실에서 꿈꾸는 듯이 바라보는 빛, 그리고 이들 사이의 빛들, 이러한 복잡함에도 외관은 단순해 보인다. '바깥은 안을 그리워한다/ 안은 바깥을 그리워한다'. 외관의 단순함으로 바깥은 안을 그리워만 해서는 안 된다. 무엇인가, 그리움을 표현해야 한다. 그 그리움으로 인해 바로 일상성의 빛의 다양함이 다채롭게 경험된다.

빛의 다양함과 더불어 풍광의 다양함도 얻는다. 안마당의 응시의 공간, 침묵의 공간, 하늘의 공간(하늘을 담는 공간), 뒷마당, 수영강의 굽이침, 센텀시티의 전경 등 다양함이 휘황찬란하게 번쩍거린다. 이 크리에이티브 센터는 어떤 존재를 간접적, 추상적으로 만나는 곳이 아니다.

옛집과 새집이 서로 그리워하도록

> 존재를 날것으로 만나자./ 부딪침과 느낌과 직감으로.
> 나는 그대를 정의하거나 분류할 필요가 없다 / 그대를 겉으로만 알고 싶지 않기에./ 침묵 속에서 나의 마음은/ 그대의 아름다움을 비춘다./ 그것만으로도 충분하다.
> 소유의 욕망을 넘어/ 그대를 만나고 싶은 그 마음/ 그 마음은/ 있는 그대로의 우리를 허용해준다.
> 함께 흘러가거나 홀로 머물거나 자유다./ 나는 시간과 공간을 초월해/ 그대를 느낄 수 있으므로.
>
> 클라크 무스카스의 시 중

크리에이티브 센터에는 존재를 날것으로 만나야만 할 것이 많다. 무엇보다도 안과 밖의 그리움을 표현한 것이다. 그리움이 많으면 많을수록 인간은 존재의 날것을 갈망한다. 존재의 날것이란 보이는 것들, 저 깊이 숨어있는 경우가 많으므로. 그리움이 많다는 것은 과거

기억이 풍부하고 현재지각이 예민하여 '기억-지각'의 곱사등이가 될 가능성이 높다. 건축가 고성호는 어린 시절 섬진강에 대한 추억을 간직하고 있다. 특히 그 강의 기억들을 수영강에 재현하고파 한다. 사실 뒷마당도 전적으로 그의 어린 시절의 추억으로 재현했다고 한다. 안팎의 그리움이 과거의 기억을 현재의 지각으로 재활성화한다. 옛집은 새집을 그리워하고 새집은 옛집을 그리워한다. 아마 그 그리움이 이인 사옥 크리에이티브 센터의 사랑마당, 안마당, 하늘마당, 뒷마당, 집의 형태 등으로 변했을 것이다.

…존재를 날 것으로 만나자./ 부딪침과 느낌과 직감으로…

Story 23

부산전시 • 컨벤션 센터(BEXCO)

> 이처럼 다층공간을 유리로 덮은 공공공간을 아트리움이라 볼 수 있다. 전체 건축물에 숨 쉴 공간을 제공한다.

이즈음 부산 건축의 특징 중의 하나가 대규모라는 점이다. 이것이 의미하는 바는 무엇일까? 엔간한 건물은 멀리서 혹은 하늘에서 보지 않는 한, 한눈에 들어오기가 힘들다. 건축면적, 층수가 너무 커서 요즈음 새로 짓는 건물들은 층수, 면적 면에서 더 높게, 더 크게 하는 것이 만병통치약인 것처럼 보인다. 휴먼스케일을 훨씬 넘어서는 건물들, 숨 쉴 구멍조차도 없는 건물들과 도시들. 마치 너무나도 과식해 숨 쉴 구멍조차도 빼앗겨버리고 씩씩거리고 있는 비만아의 모습이다.

서림 시인은 (숨 쉴) 구멍을 모르는 자의 최후와 구멍에 대하여 이렇게 기술한 바 있다.

> 구멍을 모르는/ 구멍의 위력이라고는 들어본 적도 없는/ …사나이가/ 그저 물렁물렁해 보이기만 하는 자연 앞에서/ 외치고 있다/ 안 되면 되게 하라!
> 물렁물렁한 것의 위력을 모르는/ 단단한 것의 가치 밖에 모르는/ 한평생 딱딱한 것의 가치밖에 모르는/…/ 자궁 같은 물렁물렁한 자연의 큰 구멍 안에다/ 마구잽이로 쇠꼬챙이 몇 개 꽂아놓고 쇠꼬챙이고/뭐든 받아주는 자연을 향해/ 돌격 앞으로! 외치고 있다.
> 막힌 구멍을 스스로 회복하려는/거대한 자연의 작은 꿈틀거림에/와르르 무너지고 마는/ 구멍 없고 딱딱한 것들

모든 딱딱한 것은/물렁물렁한 구멍 안에서 스러지나니./ 물렁물렁한 것들의 저항을 무시하다/ 그가 세운 쇠꼬챙이와 함께/ 땅속 구멍으로 돌아가/ 삭아져버린 사나이가 있다.

부산시 해운대구 우동에 있는 부산전시·컨벤션 센터(BEXCO·일신종합설계사무소 설계+TLP·2001년 4월에 준공. 이하 벡스코)는 '숨 쉴 구멍'이 없기 때문에 대규모 건축물에서 일반적으로 느끼는 '단단함'을 지니고 있다. 심리적 혹은 물리적으로 적당한 크기 이상일지라도 우리가 답답함을 느끼는 건축이나 도시의 규모마다 '물렁물렁함'(자연)이 들어올 때 이를 비유적으로 '숨 쉴 구멍'이라 한다. 건축물의 일정 규모마다 형성되는 '단단함'을 처리하기 위해 설치된 건축적 장치 중의 하나가 '아트리움'이라고 볼 수 있다.

아트리움이라는 '숨 쉴 구멍'

아트리움이란 말이 사용된 것은 약 2000년 전부터다. 주로 커다란 입구공간이나 건축물의 중심에 자리 잡은 안마당 또는 지붕 없는 공간을 이르는 말이었다. 일반적으로 아트리움은 중세성당 뒷측 정원을 말하는 건축용어로, 잘 가꾸어진 집의 가운데 정원을 이르는 말이 되었다. 집 가운데 형성된 인공적 자연이랄 수 있다.

현대건축공간에서 아트리움의 위치는 기능체계, 동선체계, 환경체계에서 내부와 외부의 중간매개의 위치에 선다. 이로 인해 60년대 이후의 아트리움 개념은 다층건물이 유리로 덮인 공공공간을 의미하며 대부분의 역사적 아트리움 건축물은 두 건물 사이의 안락한 완충공간을 이루고 있다. 그러나 문제점도 있다. 겨울철은 태양열 덕분

단단하고 거대한
인상의 건축물이다.

에 에너지 절약이 가능하나 여름철에 냉방부하가 엄청나다. 이 부하를 줄이기 위해 건물과 조경이 함께하는 랜드스케이프 건축이 필요하다. 예를 들면 옥상조경을 통한 에너지 절약 같은 것들이야말로 물렁물렁함의 지혜이다.

 나무 한 그루를 심을 땅 없어 건물만 빼곡히 들어서 있는 것, 건물이 너무 높아 숨 쉴 여지를 주지 않는 것. 휴먼스케일을 훨씬 넘어서 숨 쉴 구멍조차 없는 건물들, 그리고 도시들. 마치 거식증 환자가 너무나 과식해 숨 쉴 구멍조차도 빼앗겨버리고 씩씩거리고 있는 모습이다.

 이런 와중에서 벡스코에 그나마 숨 쉴 구멍을 제공하는 곳이 아트리움이라고 볼 수 있다. 종합전시장과 외부공간 사이에 숨 쉴 공간을 벡스코에서는 '글래스 홀(아트리움)'이라 부른다. 일정 규모 이상의 건물마다 아트리움 혹은 글래스 홀을 두면 어떨까? 이와 동시에 여름철의 냉방 에너지 절약을 위해 건물과 조경이 함께하는 랜드스케이프 건축을 구축한다. 글래스 홀과 랜드스케이프 건축이 조화를 이루어 물렁물렁함 그 자체로 갈 개연성이 생길 수 있다. 그것 또한 자연의 큰 구멍을 얻는다는 강한 이점이 있다. '…막힌 구멍을 스스로 회복하려는/거대한 자연의 작은 꿈틀거림에/와르르 무너지고 마는/구멍 없고 딱딱한 것들//모든 딱딱한 것은/물렁물렁한 구멍 안에서 스러지나니 자연을 향해/ 돌격 앞으로 외치고 있다.…' 자연이 없었더라면 인간은 어디로 돌진했을까? 아마 죽음이 아닐까? 인간과 자연 사이의 '막힌 구멍', 그것을 뚫는다면 인간은 죽음을 모면할 것이다.

낯설게 하기로 랜드마크 위상 보충

막힌 구멍을 그대로 둔다면 절멸이다. 막힌 구멍은 결국 환경문제를 불러왔고 인간, 막힌 구멍, 환경문제는 서로 연동되어 있다. 물론 빈틈없는 사나이가 그저 물렁물렁해 보이기만 하는 자연 앞에서 외치고 있다. 자연은 결코 만만치 않다.

벡스코의 글래스 홀은 랜드스케이프 건축과 병행해서 재활성화되어야 한다. 막힌 구멍을 뚫기 위해서라도, 환경문제를 해결하기 위해서도 전통과 지역의 요소를 다시 고려할 필요가 있다. 전통과 자연 사이의 '막힌 구멍을 스스로 회복하려는 거대한 자연의 작은 꿈틀거림에 와르르 무너지고 마는 구멍 없고 딱딱한 것들'. 현대에는 모든 것들이 구멍 없는 딱딱한 것들로 바뀐다. 건축의 역사는 구멍 없는 딱딱한 것에서부터 구멍이 있는 물렁물렁한 것으로.

벡스코에서는 딱딱함과 물렁물렁함을 어떻게 건축적 장치로 만들었는가? 첫째, 글래스 홀로 둘러쌓인 전시장들. 이렇게 함으로써 반쯤 구멍 있는 물렁물렁한 건축물이 되었다. 내부전시장들을 둘러싼 글래스 홀은 내부공간 간에 융통성과 소통력이 강해 겨울철에는 외부공간으로부터 오는 엔간한 충격은 물렁물렁해 보이기만 하는 자연처럼 흡수하지만 여름철에는 딱딱함으로 변한다.

둘째, 아트리움의 외장재는 저에너지 양면강화복층유리를 사용했다. 투명유리를 사용함으로써 어떠한 곳에서든지 간에 직간접적으로 축제에 참여할 수 있다. 저기-여기가 뒤섞여 나라는 존재는 축제의 장 곳곳에 머문다. 여기서 저기로, 저기서 여기로 오갈 수 없다면 어찌 구멍 있고 물렁물렁한 건축적 장치로 볼 수 있겠는가?

셋째, 약간의 곡률반경을 적용해 미세한 입면상의 기울기를 안쪽 내지 바깥쪽으로 내밂으로써 전시컨벤션센터로서 조금의 낯설게 하기를 시도한다. 이를 통해 랜드마크로서의 역할을 충분히 할 수 있도록 했다. 더구나 서로 통하고 조형상, 한군데도 똑같은 데가 없다는 것은 랜드마크로서 환상적이다. 이는 자연의 구멍 있는 물렁물렁한 조형에 가까운 것이다. 자연 역시 구멍을 통하여 서로 내통하고 있지만 같은 조형은 한군데도 없다.

자연의 물렁물렁함과 복원력을

벡스코는 주변의 컨텍스트와 낯설게 하기를 시도하면서 친밀화하기를 버리지 않았다. 선 친밀화 후 낯설게 하기 기법을 사용한다. 2층 복도는 이용객에게 또 다른 낯선 시점을 줌으로써 내부공간을 낯설게 하면서 동시에 활력 있게 한다. 여기서 상기의 시 일부를 되새겨 볼 필요가 있다.

막힌 구멍에 자생력으로 되돌아오려는 자연의 복원력에 융통성 없고 복원력이 0인 인공적인 것, 즉 구멍 없고 딱딱한 것들의 주인은 영원히 자연계에서 삭아져버린다. 건축적 기법을 배우는데 자연의 복원력을 활용하도록 하여야 한다. 자연의 진정한 복원력과 융통성의 활용법을 배워야 할 것이다. 벡스코가 우리에게 주는 교훈은 바로 이러한 점이다. 외부형태에서 얻는 교훈은 다양하지만 다소 딱딱한 것이 뒤편에 위치한 장산을 더욱 긴장되게 한다는 사실이다. 실제로 우리가 벡스코 내부에서 보면 장산의 물렁물렁함이 내부에 투영되어 내부공간이 더욱더 물렁물렁해 보인다.

벡스코의 진정한 복원력과 융통성은 자연의 물렁물렁함으로부터 나온다. 자연의 그것과의 차이를 좁히기 위해 이제 새로운 패러다임이 요구된다. 랜드스케이프 건축은 자연의 물렁물렁함과 구멍에 가장 가깝지만 여전히 그것과 차이를 보이고 있다. 벡스코가 그러한 차이보다 더한 차이를 보이는 것은 랜드스케이프 건축이 물렁물렁한 구멍 입구에 있기 때문이다.

'세잔과 농부'를 다시 생각하다

일면식도 없는 교수분의 글을 다루면서 참으로 많이 망설였다. 용인해 주실 것으로 믿는다. 국제신문 6일자 인문학칼럼 「그들의 '눈'이 의심스럽다」에서 K교수의 글은 이렇게 세잔의 말로 시작한다. "농부들이 풍경이나 나무를 아는지 의심스럽다. 농부는 아무것도 보지 않고 있었다. 생 빅투아르 산조차 보지 않는 것이다." 이 글의 끝에 "도시살림을 꾸려 나갈 행정책임자로서 세잔의 농부처럼 풍경력(눈썰미)이 전혀 없는 분은 곤란하지 않은가." 라면서 이번 지방선거에서 농부의 풍경력을 지닌 분들을 낙마시킬 것을 유권자들에게 권한다. 아름다운 도시의 대명사 파리는 앙팡이라는 조경가가, 그 배후에는 오스만 시장이 있었고 아름다운 항구도시 요코하마도 다무라라고 하는 뛰어난 도시디자이너가 도시설계행정을 집행했다고 주장하면서 아름다운 도시에는 눈썰미 있는 행정책임자가 있었다고 피력한다.

  농부가 생 빅투아르 산조차 보지 않는 것을 K교수는 세잔처럼 답답해한다. 과연 농부에게서 세잔의 풍경력을 기대할 수 있을까. 농부는 생 빅투아르 산 자체를 체험을 통해 한몸이 되었다. 농부는 생 빅투아르 산을 한 번도 제대로 분석적으로 보지 못한 채 이 세상을 마감했을지도 모른다. 농부는 산과 한몸이므로 구태어 그것을 분석할 필요가 없었다.

  세잔보다도 훨씬 많은 것을 농부는 체험하고 있는지 모른다. 출생 이후부터 산 근처에서 전 생애를 산 농부가 20년간 산을 그린 세잔보다 체험적으로 훨씬 더 잘 알고 있을 것이다. 다만 표현만 하지 않았을 뿐이다. 표현을 할 필요가 없으므로. 그의 삶은 그 산을 중심으로 이루어졌을 것이기 때문에 체험적인 산에 대한 경험은 세잔이 비할 바가 아니다. 농부의 산에 대한 체험의 일부를 그나마 표현할 수 있는 사람이 세잔이다

  위에 등장한 인물을 구분하면 세 집단이 있다. 농부와 같이 일상

을 바탕으로 체험적으로 살아가는 일반인 집단이다. 또 한 집단은 세잔과 같이 일상이란 삶의 바탕을 반성적 혹은 분석적으로 보는 예술가 및 전문가 집단이다. 일상과 일정한 거리가 있어 일상을 현시적으로 볼 수 있고 표현할 수 있다. 나머지 집단은 앙팡과 오스만처럼 일상체험과 '봄' 사이를 중재하는 이들이다.

일반인은 일상체험을 지니고 있으나 자신은 그것의 잠재성을 보지 못한다. 그러나 한 번씩 일상 체험의 잠재성을 꿰뚫기도 한다. 예술가 및 전문가는 일상체험을 주관 혹은 객관적으로 보고 그 잠재성을 반성·분석해 파악한 것을 예술 및 전문 언어로 표현하는 자다. 행정책임자들은 두 쪽의 의견을 경청하고 판단하는 집단이다.

요즈음 성행하는 공공디자인의 경우 위와 같은 고찰을 두고 볼 때 다음의 순으로 공공디자인이 진행되는 것이 가장 타당성 있는 것으로 볼 수 있다. 일반인의 일상체험-일상체험의 반성과 분석-일상체험의 잠재성 발견-공공디자이너의 전문 언어 표현-행정책임자의 판단과 결정. 이렇게 볼 때 농부보다 예술가가, 행정책임자가 예술가보다 식견이 높다든지 능력이 뛰어나다고 생각해서는 안 된다. 이들은 각자의 능력을 지닌 수평적 관계다.

K교수가 세잔과 같은 예술가나 전문가에게 은근히 힘을 실어주는 것은 시작도 하기 전에 삐꺽거리는 공공디자인의 디자이너에게 힘을 실어주기 위한 것인 듯하다. 특정 집단에 힘을 실어주는 것이 그 집단을 살리는 것처럼 보이지만 사실은 공동체 전체의 공공디자인 능력을 감퇴시키는 것이다. 공공디자인의 능력을 향상시키기 위해서는 일상체험을 중요시하여야 한다. 일상체험 없이 잠재성은 존재할 수도 없고 잠재성 없이 그것을 꿰뚫는 눈도 사라질 것이므로. 그리하여 공동체의 공공디자인 능력도 서서히 쇠퇴될 것이다.

K교수는 아직도 사물보기와 그것의 저장경로가 눈-뇌-기억임을

믿어 의심치 않는다. 우리는 눈으로만 사물을 보지 않는다. 온몸으로 사물을 체험한다. 가령 춤을 보자. 그 많은 동작의 기억들을 뇌에 저장할 수 있을까. 몸을 움직이면서 몸을 통해 기억해낸다. 일반인의 일상체험을 중요하게 여기지 않는 집단은 온몸으로 체험하는 말할 수 없는 것들을 단지 시각적 양의 정보로 환원시키게 될 것이다 일상체험이 바탕 되지 않는 공공디자인은 사상누각이 될 뿐이다.

Story 24

태극도마을

> 입체적으로 반원형 구도에다 마을의 모든 길들이 막힘 없이 하나로 통하는 깨달음의 구조를 띤 부산 사하구 감천2동 태극도마을 전경.

  태극도마을에 오전 중에 가보기로 작정했다. 조명환 사진작가와 더불어 2명의 대학원생이 동행했다. 예상 외로 부산대에서 태극도마을까지의 도로가 한적해 약 40분 동안 이리저리 자동차 밖을 구경하다 보니 여전히 부산 변두리인 듯한 곳에 도달했다.
  동행한 사진작가에게 물어보니 태극도마을이란다. 그렇게 이야기하니까 그 마을처럼 보인다. 차를 타고 요모조모 구경하다 보니 나도 모르게 태극도마을에 도착해 있었다. 이것은 태극도마을이 더 이상 부산이라는 질서와 차이를 보이지 않는다는 것을 의미한다. 부산 방식의 질서가 태극도마을에도 반복됨으로써 그야말로 조그마한 차이들로 부산의 질서가 태극도마을에 침투되었음을 안다. 질서상 부산과 태극도마을은 이미 떼려야 뗄 수 없는 관계이다. 천마산의 산복도로를 따라 형성된 산동네 태극도마을은 한국전쟁 시 전국 각지에서 모여든 태극도 신도들에 의하여 만들어졌다. 그래서 마을이름이 태극도마을이란다. 한국의 '산토리니' 또는 '마추픽추'로 불리기도 할 만큼 동편의 바다와 어우러져 아름답다면 아름다울 수도 있다.
  부산 사하구 감천2동 숨 쉴 구멍 없이 빼곡히 들어선 박스형의 집들, 무수한 정사각형 내지 직사각형의 도장을 빡빡하게 찍어 놓은 듯하다. 반복이다. 동일성의 반복이기도 하지만 차이를 수반하는 반복이기도 하다. 마치 세잔이 즐겨 그린 쌩 빅또와르 산 그림에서의 되풀이되는 붓 터치와 유사하다. 세잔의 붓 터치는 그의 그림에 깊이를 주어 산을 산답게 한다. 만약에 이 그림에서 붓 터치가 없었더라면 평범한 풍경화에 그쳤을 것이다. 태극도마을의 집 한 채 한 채를 붓 터치로 본다면 세잔의 그림과 또 다른 감동을 우리에게 준다. 세잔의 붓 터치는 우리의 삶을 구체적으로 볼 수 없는 것이지만 태극도마을의 집 한 채는 삶 그 자체를 우리에게 보여준다. 아주 오래된 집, 오래된 집, 새집 등으로 시간은 퇴적되어 있다. 아주 오래된 집이 많아서 시간의 그림자가 짙게 배어있다. 이와 동시에 시간이 너무 흘러 처음에는 이질적인, 차이가 나던 것들이 이젠 시간이 마을 전체를 묶어준다. 시간에 의하여 나이테처럼 굵은 시간선이 마을을 묶어준다. 비록 처음 출발은 차이가 많이 났으나 시간이 지남에 따라 오래된 시간이 온 마을을 감싸 안고 있다. 미국의 철학자 스티븐 페퍼(1891~1972년)가 생각났다.

그의 말에 따르면 이 세상은 새로운 질서가 생겨 기존의 질서에 편입되는데 이때 변화가 일어나는 것은 무질서가 질서로 변하기 때문이다. 무질서가 질서로 바뀌면서 질서는 무질서로 바뀐다. 이는 무엇을 말할까? 이 세상은 끊임없이 바뀐다. 질서는 무질서로, 무질서가 질서로 바뀌면서 변화와 새로움이 수반된다. 태극도마을 역시 질서와 무질서, 새 질서 사이를 왕복하면서 변화와 새로움 속에 있어왔고 앞으로도 있을 것이다.

습관화된 질서와 무질서가 통합되면 새롭고 변화된 질서가 형성된다. 기존의 질서가 무질서와 통합되면 새로운 질서가 생기면서 새로움과 변화가 발생한다. 가령 예를 들면 구형 청소기로 집안 청소를 질서화시키던 사람이 신형 로봇청소기로 집안 청소를 질서화시키면 새로움과 변화가 일어난다. 구형과 신형로봇 사이에 새로운 질서가 생기면서 변화와 새로움이 수반된다. 새로운 질서화는 반복되면서 질서화된다. 사건은 반복을 통해 질서를 만들고 습관적 방식과 차이를 만들어나가다가 사건이 반복을 통해 질서로 습관화되면 차이가 더 이상 형성되지 않는다.

강은교 시, '어둠을 주제로 한 시 두 편' 중 하나, 「김수영을 추억함」에서 아래와 같이 읊조린다.

어둠아 온 뒤에도 또 오네/ 어둡다 말한 뒤에도 또 오네/ 등불 하나를 켜도 또 오네/ 한 집 건너 또 오네/ 두 집 건너 또 올까/ 한 걸음 지나 또 오네/ 두 걸음 지나 또 올까/ 문 닫아도 닫아도 또 올까

한국전쟁 시절 이후 계단식 건물처럼 들어선 태극도마을 주택들.

'어둠아 온 뒤에도 또 오네' 어둠이 온다는 말은 낮의 질서가 무질서로 향하여 깊어지고 있음을 이야기한다. '등불 하나를 켜도 또 오네' 등불이 하나둘 켜져 어두움, 무질서가 극복될 수 없음을 암시한다. 무질서는 숙명적으로 다가올 뿐이다. 두 편의 시 중에서 다른 한 편의 시인 횃불에서는 인간에게 다가오는 질서에 관한 법칙을 쓰고 있다.

…그 다음날 또 사고가 났네/ 우리는 몰려가 그 어둠을 폈네/ 우리는 몰려가 그 어둠을 폈네/ 밤새도록 폈네/ 드디어 그 어둠은 사라져/ 그 사람이 후들후들 심연에서 기어나왔네/ 우리는 이번에야말로 어둠이 다아아 물러간 줄 알았네/ 기뻐 날뛰었네/ 하루 낮을/ 또 하루 낮을/………/ 시인이 돌아와 현관문을 여는데, 누가 피곤한 내 가슴을 두드렸다/ 바람!/어둠이 그것의 허리를 꼬옥 안고 있었다.

어둠을 퍼낸다는 의미는 무질서를 제거한다는 말이다. 어둠이, 즉 무질서가 다 물러간 것처럼 보이지만, 무질서는 물러가지 않고 바람을 안고 있었다. 그 바람은 시인의 가슴을 두들긴다. 질서의 밑바탕은 무질서이고 어둠인 무질서는 퍼내도 퍼내도 끝이 나지 않는다. 어둠이 다 물러간 것처럼 보이지만 시커먼 심연을 드러낸다. 어둠의 깊숙함은 등불 하나둘로 해결할 수 있는 문제가 아니다. 어두움인 무질서가 밝음인 질서로, 밝음의 질서가 다시 무질서로 돌아감을 이 시를 통해서 알 수 있었다.

　무질서가 질서로 형상화, 즉 어둠이 횃불로 인해 밝아질 때 세상은 질서화한다. 더 밝은 빛이 오면 질서는 더 멀리 퍼져나갈 것이다. 밝음이 방향을 바꿀 때 질서화한 것이 무질서로 어둠의 나락으로 빠진다. 밝음이 비춰지는 곳에 질서화가 이루어짐을 시인은 밝히고 있다

　마을 전체의 형태가 하나로 작동하는 듯한 느낌을 준다. 마을의 가장자리 어느 곳이나 아래를 내려다보면 통신(通神·그쪽 사람들이 득도의 최고의 경지 이른 사람을 말함)이 된 듯한 느낌을 받는다. 특히 경사로에서 위아래로 상대의 얼굴을 바라보는 데 이상한 느낌을 받는다. 멀리서 상대를 응시하는 눈들이 날카롭다. 득도(得道)의 경지에 도달하기 위해 오래 동안 쌓은 내공이리라. 시간이 만들어놓은 평면, 입면에서 많은 건축적 아이디어가 숨어있는 듯하다. 평면, 입면, 단면도가 설계실 안에서 만들어지지 않았다. 현장의 삶에서 즉흥적으로 튀어나온 것이다. 조금만 다듬으면 훌륭한 건축물이 될 법한 아름다운 건축물이 도처에 있다. 또한 뛰어난 형태를 가진 건축물이 도처에 있다. 그놈들만 손 좀 보았으면 훌륭한 마을이 되었으리라. 어두운 심연의 유일한 밧줄인 통신이야말로 구원줄이다.

　자신 스스로 구원의 경지에 도달한 이가 만듦 직한 건물 및 마을의 구조가 도처에 발견된다. 도면 없이 만들어지는 집, 통신에 의하

여 즉각적, 자발적으로 이루어지는 집. 어떤 길로 가든지 장애물 없이 목적점에 도달케 함으로써 모든 길들은 하나로 통한다는 도(道)의 깨달음, 시선을 정신세계에 연결하여 마음의 세계를 득도케 하려는 마을의 구조(입체적으로 반원형). 인체에 최적합선인 슬라롬 활강곡선(인체리듬의 체험, 호흡의 섬세한 느낌)과 같은 길은 통신을 이루면 이르는 경지가 아닌가?

　통신을 이룬 자의 가슴에는 과거, 현재, 미래가 농축되어 있다. 그래서 그 셋을 동시에 가슴으로 본다. 다만 그 셋을 볼 수 있는 직관력의 큰 횃불이 필요하다. 어둠의 심연이 끝이 보이지 않으므로 질서화할 횃불을 커다랗게 높이 들어 올릴 필요가 있다. 그래야만 우리는 질서를 더 명확히 볼 수 있으므로 우리는 지금껏 주위를 질서화하기에 너무 적은 횃불로 주위를 살폈다. 농축된 과거, 현재, 미래는 밝을수록, 반복을 자주 할수록 건축은 더욱 선명해진다. 물론 차이도 두드러질 것이다.

　어둠은 무서운 '놈'이다. 우리가 아무리 막으려고 해도 이 시에서 보는 것처럼 바람의 허리를 꼭 껴안고 들어오는 무서운 놈이다. 그렇게 어둠을 끌고와 어둠을 차곡차곡 쌓아둔다. 어둠은 횃불과 반대다. 태극도마을이 어둠의 심연 속으로 빠질지 더 높고 더 큰 횃불 아래 설지 두고 볼 일이다. 어느 쪽도 딜레마다. 깊은 심연 속에 빠짐은 더 큰 횃불 아래 설 조짐이다. 더 큰 횃불 아래 서 있는 것은 더 깊은 심연 속으로 빠질 징후다. 그렇다 할지라도 태극도마을의 시작은 횃불이고 태극도마을의 끝은 광채일 것이다. 왜냐면 무수한 반복은 광채. 반복은 통신 그 자체이므로. 차이는 어둠을 만들고 반복은 건축의 광채다.

Story 25

부산 영주동 글마루 작은도서관

| 부산 중구 영주동 부산터널 바로 위의 주택가 건물들과 절묘한 조화를 이루고 있는 글마루 작은도서관.

열흘 전인가보다. 태극도마을에 가기 위해 영주동터널을 막 지나려는 순간, 터널 위에 서 있는 새로운 집 같기도 하고 오래된 집 같기도 한 건물을 발견했다. 그래서 동행한 조명환 사진작가에게 얼른 물었다. 대답이 잽싸게 돌아왔다. 도서관이라고. 이미 다녀왔노라고.

솔직히 이야기해 저건 배경이 없는 집이다. 아니 그림이 없는 집이다. 집을 우리는 오랜 기간 그림 / 배경이라는 도식적 틀 안에 오브제(물체)로 가둬 두었다. 게스탈트 심리학에 의하면 사물이 지(地)라는 배경 속에서 도(圖)라는 그림으로 도드라져 보일 수 있으려면 그 조건은 다음과 같다. 첫째, 작은 편이 큰 편보다 그림으로 되기 쉽다. 둘째, 하부는 상부보다 그림으로 되기 쉽다. 셋째, 수평·수직으로 놓인 부분은 그림으로 되기 쉽다. 넷째, 밝은 곳·고운 것이, 다섯째는 한색보다 난색이, 여섯째는 균등한 폭을 갖는 부분이 그림으로 되기 쉽다. 마지막으로 싸는 것과 싸여진 것에서는 싸여진 편이 그림으로 되기 쉽다.

[영주동 글마루 작은도서관]의 외장은 수성페인트(상부), 유리, 노출 콘크리트로 이뤄져 있다. 주변부 역시 유사한 재료로 구성돼 있다. 게다가 도서관 뒤편은 약 9m의 콘크리트 옹벽. 그곳 위로 콘크리트에 흰색수성페인트, 유리창 등으로 구성된 주택들이 있다. 이로 인해 위에서 설명한 게스탈트 심리학이 말하는 '그림과 배경'의 조건이 되나, 그림과 배경의 관계 형성이 안될 정도로 상호 간에 섞임이 존재한다.

작은 편과 큰 편, 하부와 상부, 수평, 한색보다 난색, 균등한 폭을 갖는 부분, 수직으로 놓아진 부분, 밝은 곳 고운 곳, 싸는 것과 싸여진 곳 등이 영주동 글마루 작은도서관이 하나의 배경이 되는지, 주변이 배경이 되는지 처음 그냥 보아서는 알 수 없다. 자세히 들여다보면 하나의 그림으로, 완결된 신축된 건물임을 단번에 알 수 있다.

사람이라는 게 부끄러워지는 풍경

건축물이 배경과 그림의 관계가 선명할 경우 배경과 그림이 상호반 발해 양자가 똑똑히 보인다. 이 경우 그림과 배경이 너무 분리돼 하나의 풍경을 구성하기 힘들다. 시인 이성복의 시 「어떤 풍경은」에서처럼.

> 어떤 늦게 먹은 점심처럼/ 그렇게 우리 안에 있다/ 주먹으로 누르고 손가락으로 쑤셔도 내려가지 않는 풍경,/ 밭 갈고 난 암소 턱에서 게 거품처럼 흐르는 풍경/ 달리는 말 등에서, 뱃가죽에서/뿜어나오는 안개 같은 풍경,/묶인 굴비 일가족이 이빨 보이며/ 노래자랑하는 풍경,/ 어떤 밤에는 젊으실 적 어머니/ 봉곳한 흰 밥과 구운 꽁치를/ 소반에 들고 들어올 것도 같지만,/ 또 어떤 대낮에는'시집 못 간/ 미스 돼지'라는 돼지갈비집 앞에서/ 도무지 사람이라는 게 부끄러워지는 풍경,/ 갈비 두 대와 된장찌개로 배를 채우고/ 녹말 이쑤시개 혀끝으로 녹여도 보는 풍경,/ 그러나 또 어떤 풍경은 전화 코드 뽑고/ 한 삼십 분 졸고 나면 흔적이 없다.

일곱 개 풍경이 나온다. ▷우리의 몸이 체할 정도의 풍경 ▷암소처럼 지친 풍경 ▷말 등에서, 배가죽에서 뿜어나오는 안개 같은, 조화롭지 않은 풍경 ▷묶인 굴비처럼 억지춘향격인 풍경 ▷사람이라는 게 부끄러워지는 풍경 ▷망상 같은 풍경 등에서 그림과 배경의 뚜렷함이 워낙 두드러져 그 둘 사이의 분리가 훤히 보인다. 이러한 풍경들과는 달리 [영주동 글마루 작은도서관]이 속하는 풍경은 ▷그림과 배경이 잘 분리되지 않는 조화로운 풍경이다. 그리고 사람이라는 게 부끄러워지는 풍경이다.

요즈음 도서관은 다른 용도의 것과 융합하나, 근본적으로 그곳은 각종 텍스트를 이용해 자기반성을 하는 곳이다. 즉 '사람이라는 게 부끄러워지는 풍경'을 연출하는 곳이다. 인간이 체할 정도의 풍경, 즉 과잉의 풍경은 사람의 눈을 어지럽게 한다. '조화로운 풍경'이란 그림과 배경이 상호침투하는 것이다. '사람이라는 게 부끄러워지는 풍경'이란 인간의 이기심 욕망 때문에 이루지 못한 자기성찰이 이뤄지도록 하는 풍경이다.

오랜 것에서 새것이 잉태

이 건축물은 뒷부분의 옹벽과 워낙 조화로워 얼핏 보면 어느 쪽이 먼저 생겼는지 알 수 없다. 그러나 자세히 들여다보면 건축물과 옹벽 사이에 층이 있음을 안다. 즉 이것들 사이에 상호관계가 있다. 오래된 것 속에 새로운 것이 잉태돼 나온 것이다. 옹벽에서 [글마루 작은도서관]이 나왔다. 정말로 이곳은 그림과 배경이 두드러지지 않게 조화를 이룬다. 이 건물의 건축가 조서영(서원건축사사무소) 자신도 이런 건축물이 요런 옹벽 전면에서 출현할 수 있으리라고는 꿈에도 생각 못했을 것이다. 아마 건축가가 여성이라는 점도 이 건축물의 출현에 많이 기여했을 것이다.

여성건축가가 수용하는 시각의 특징을 거칠게나마 살펴보자(일반적 경향을 말하는 것이지 결코 단정하는 것은 아니다). 풍경은 무수한 시각들로 구성된다. 이중시각이란 다수가 아닌 소수가 갖는 시각이다. 예컨대 흑인, 소수민족, 여성 등이 갖고 있는 시각이다. 자기탐욕을 버릴 수 있는 것이 이중적 시각이다.

남자는 단일시각을 갖고 이 세상을 살아갈 수 있지만 여성은 단일시각만을 갖고 세상을 살 수가 없다. 여성만이 지니고 있는 특이한 시각에다가 남성적 시각도 지니고 있어야 한다. 이중시각을 갖고 있는 소수인 여성들은 소수와 다수를 위한 '동시설계'가 가능하다. 특히 여성들이 소수자를 위한 건축설계에서 두드러진 성과를 낼 수 있는 것은 바로 이 이중시각 덕분이다.

이 이중시각 혹은 다중시각을 창조적으로 종합해내는 것이 바로 '풍경'이다. 가령 이 건축물에서 이중시각의 예를 들면 문의 손잡이를 만들 시에 슬라이딩 도어의 문손잡이를 길이 방향의 색상이 달라지는 곳에 설치하여 식별을 쉽게 한다. 모서리를 둥글게 한다. 어린이가 다칠 것을 염려해서다. 이중시각적 배려다. 타자를 여럿 고려하면 창의적 풍경이 나온다.

이중시각·다중시각을 적극 적용한 건물

이 건축물은 철저히 이중시각적이다. 실내로 들어가는 입구 바닥이 비정형이다. 아마 어린이를 위해서 일 게다. 획일화는 없다. 안내데스크부터 그렇다. 이층에서 다목적 홀에 올라가는 약간의 물매(비스듬히

도서관 내부 열람실로 어린이 이용자를 위한 배려가 돋보인다.

기울어짐)를 가진 경사로에는 미끄럼방지용 테이프가 붙어 있다. 건물 곳곳의 그림이나 도안은 어린 시절 누구나 꿈꾸어 보던 세계다. 다목적실의 직각 모서리를 둥글게 한 후 생떽쥐베리의 『어린왕자』에 나오는 바오밥나무 같은 것을 그리는 마음 자세는 이중시각의 세계에 살아보지 않은 사람은 생각하기 힘든 부분이다.

여기서 건축가는 두 가지를 마음에 두고 있었던 듯하다. 하나는 직각모서리가 유아들에게 위험하므로 위험을 방지하기 위해서다. 또한 2층 공간을 꿈의 세계로 만들 속셈을 가진 듯하다. 계단 하부공간에 그려진 동화 같은 세계, 목재 핸드레일에 흰 페인트를 칠한 것으로 만들어진 기하학적 문양, 계단의 밑 공간에 흰색 바탕과 초록 책꽂이의 어울림 등은 자신의 세계에 빠져있는 단일시각을 가진 고집 센 남성이 창조할 수 있는 세계가 아니다. 물론 모든 남성이 단일시각을 갖는다는 말은 아니다. 또한 모든 여성이 이중시각 내지 다중시각을 갖는 것도 아니다.

단일시각이니 이중시각이니 다중시각이니 하는 것도 상대적이다. 건축가는 단일시각만 가져서도 안 되고 이중시각만을 가져서도 아니된다. 건축가는 다중시각을 반드시 가져야 된다. 건축가의 시각은 다중적이다. 다중적이란 말은 이용자가 무한대인 것을 의미할 수 있다. 즉 건축가의 시각은 창조적 풍경으로부터다.

평면에서도 여전히 이중시각적 관점을 건축가는 견지하고 있다. 1층 평면 우선 안내/대출, 서가, 탕비실, 내부화장실이 2개가 있다. 2층은 열린 서가로 운영하고 있다. 각종 서가도 어린이나 어른이 다양하게 사용할 수 있도록 하여 창조적 사고를 끌어낼 능력을 함양시킨다. 다목적실은 구연동화를 위해 사용된다. 또한 동쪽 벽면에 스크린을 설치함으로써 2층의 열람실이 더욱 다목적화 될 것이다.

건축가의 궁극적 목표는 단일시각에서 벗어나 마침내 조화로운 풍경을 볼 줄 아는 자, 사람이라는 게 부끄러운 풍경임을 아는 자(자연 파괴에 망연자실하는 자)가 되는 것이다. 건축물을 짓는 자는 단일도, 이중도, 다중시각도 아닌 창조적 풍경을 생성하는 자임을 명심하여야 할 것이다. 건축가 조서영은 과연 어디에 위치할까?

Story 26

이미지는 어떻게 생성되는가
티오 센텀사옥

이미지는 어떻게 생성되는가 | 디오 센텀사옥

> 디오 센텀사옥의 내부는 건축물을 수직으로 관통하는 중정(건물의 가운데 쪽에 위치한 마당 또는 정원), 나무와 물 등의 다양한 요소 그리고 이를 각각 다른 높이에서 조망할 수 있게 하는 누드 엘리베이터 등이 수많은 이미지의 조각들을 만들어낸다.

건축은 묘한 측면을 갖고 있다. 경제·사회·문화·기술 등등이 시간에 의해 통합되는 삶 자체를, 즉 '이미지들'을 건축은 수용해야 한다. 그래서 건축가는 우리의 삶 자체를 시간, 몸, 환경의 지속적 섞임으로 이해해야 한다. 그 같은 섞임을 '이미지들'이라 부른다. 시간, 몸, 환경의 융해가 일어나지 않고 따로 발생하는 것을 '이미지의 조각'이라 한다. 삶이란 '이미지의 조각들'의 비빔인 이미지들이다.

 이미지들의 모임이 일상 속에 있다. 일상의 바깥 부분은 이미지의 산란이다. 그러므로 일상의 속은 대부분의 사람에게 닫혀있다. 일상을 연다는 것은 시간, 환경, 몸을 지속적으로 상호관입시키고 이를 통해 구축되는 이미지들을 열어젖히는 것이다. 이는 이미지들을 '회복'하는 것이다. 이처럼 이것들을 회복하는 것을 '창조'라 부른다. 창조적 건축은 시간, 몸, 환경 간의 공통부분인 '일상' 혹은 '습관'에서 나온다. 건축가 안용대(가가건축사사무소)는 이 건물에서 누드 엘리베이터를 활용해 '이미지 조각들'을 비벼 이미지들의 회복작업을 시도한다.

누드 엘리베이터 안에서 보면

그는 시간, 몸, 환경 간의 지속적 흐름, 즉 이미지 조각들의 공통적인 부분만 '이미지들'로 회복하려 한다. 그의 시도를 파악하기 위해 우선 새로움인 '이미지 조각'과 그것들의 모임인 '이미지'

를 명확히 구분해 둘 필요가 있다.

　베르그송에 의하면 이미지는 뇌에 물질적으로 존재하는 것이 아니라, 지각을 매개로 우리의 삶 속에서 몸과 시간과 함께 공존한다. 따라서 이미지가 되려면 시간, 몸, 환경이 지속적으로 비벼져 나가야 한다. 따라서 시간, 몸, 환경은 이미지의 조각이다. 시간, 몸, 환경의 적절한 비빔은 결국 '이미지'의 향상으로 나아간다.

　부산의 의료기기 전문업체 디오 센텀사옥의 대지가 형성된 배경을 살펴보자. 이 건물이 입지한 센텀시티는 원래 국가산업단지로 지정돼 있다. 디오가 위치한 블록은 산업용지로 아파트형 공장이 들어설 수 있으며 IT(정보통신), BT(바이오기술) 등 무공해 공장이 들어오게 돼 있다. 이 아파트형 공장에는 공장에 대한 업무지원 시설이 들어올 수 있다.

　안용대는 우선 디오 센텀사옥에 대해 다음과 같이 방향을 설정했다. 사옥은 대외적으로 기업문화를 적극 홍보하고, 브랜드의 아이콘으로 자리 잡도록 한다. 기능적으로는 생산·연구·업무가 긴밀히 연결돼 시너지효과를 내도록 한다. 조형은 기능에 순응하면서 기업의 역동성과 의료산업의 생태성을 표현하도록 한다. 저층부의 생산공장(1~3층)과 상층부(업무 4~5층, 연구 6층, 홍보·회의 부대시설 7~8층)의 기타 시설은 매스(건물의 큰 덩어리를 이루는 부분)와 재료마감을 달리하여 결합토록 한다. 공장의 지붕은 사무실의 마당이 되도록 한다, 사선의 매스는 전면에 있는 주도로의 흐름과 부지의 형태를 수용하도록 한다. 사선의 매스로 기업의 역동성이 전달되도록 한다.

　디오 사옥의 누드 엘리베이터를 통해 정원 안을 바라보면 시간, 몸, 환경을 지속적으로 관통하는 '이미지 조각들'을 찾아낼 수 있다. 실내정원에 있는 이미지 조각들은 볼 때마다 다르다. 날씨에 따라, 태양의 위치에 따라, 계절에 따라 미묘하게 바뀐다. 그와 아울러 엘리베이터의 위치에 따라 바뀜의 진폭이 커진다. 이미지 조각들이 셀 수 없을 정도로 많다.

마당 나무 물 등 환경요소 적극 활용

여기서 명심해야 할 것은 이 조각들은 가슴보다도 깊이 묻혀있어 다른 이미지 조각들의 부재로 이미지들로 존재하지 못한다는 점이다. 그러다가 '나'의 관점이 바뀌면 지금까지의 조각들이 다른 부재한 것을 만나 이미지들로 바뀌거나, 부재한 조각을 기다린다. 이 건축물은 무수한 이미지 조각들을 갖고 있다. 그중에서 어떤 조각을 취하는가는 전적으로 이용자의 몫이다. 습관적인 사람은 특정의 이미지 조각에 고착되어 있을 것이다. 층간의 변화, 계절, 날씨 등에 민감한 사람은 늘 조각들이 변화하는 것을 느꼈을 것이다.

  중정과 늘 새로운 관계를 맺어나가는 사람일지라도 시간, 몸, 환경 간에 지속적으로 상호침투하는 '이미지들'의 존재를 간과할 수 있다. 그는 새로운 관계맺기를 통해 '새로운 것', 또 '새로운 것' 하면서 부재한 이미지 조각들을 회복하려 한다. 세상은 만만치 않다. 이미 조각들이 고착화되면 습관적 조각들이 된다. 숨겨진 조각들이 습관적 관계를 넘어서 시간, 몸, 환경을 관통하는 창조적 이미지를 드러내도록 하는 것이 건축가를 포함한 예술가들의 역할이다. 일상에 갇혀있던 이미지들을 오래된 새로움으로 다시 재조합하는 것.

  디오 센텀사옥은 의료산업의 생태성뿐 아니라 이미지 조각들을 재조합하기 위해 환경요소(마당, 나무, 물, 빛)를 적극적으로 수용토록 한다. 건축물을 수직으로 관통하는 중정은 생산, 업무, 연구기능을 유기적으로 결합시키도록 한다. 상층부에 조성된 수평방향의 중정은 사무,

연구공간의 적절한 독립성과 환경성을 향상시키도록 한다. 중정을 관통하는 투시형의 누드 엘리베이터는 눈의 높이에 따라 '물의 정원'의 풍경을 변화시키도록 한다. 중정의 벽면은 내부가 잘 보이지 않는 반사유리로 마감하여 기업의 보안과 의료산업의 첨단성을 암시하도록 한다. 첨단성의 암시는 주로 첨단 기술로 만들어진 이미지 조각들에 의해 이루어진다. 이는 이 건물에 적용된 사항들이다.

늘 변모하는 이미지 조각들

의료산업의 생태성과 이미지 조각들의 재조합을 드러내기 위해 환경요소인 마당, 나무, 물, 빛의 환영, 누드 엘리베이터, 생산공장, 업무시설, 연구 등등의 요소가 중정을 중심으로 모여 디오 사옥을 만들어낸다. 게다가 영화 〈매트릭스〉의 한 장면 같은 중정이 늘 변모하는 이미지 조각들을 지닌다는 것은 일상 속에 늘 이미지들의 새로움이 충만해 있음을 나타낸다. 단순한 새로움이 아니라 언제 보아도 느껴지는 '오래된 새로움'의 느낌과 함께, 몸과 환경을 관통하는 이미지를 갖는 것이 건축을 포함하는 예술작품이다. 시인 정현종은 「때와 공간의 숨결이여」에서 이렇게 읊는다.

> 내가 드나드는 공간들을 나는 사랑한다/…/이 방과 저 방,/더 큰 공간에 품겨있는/품에 안겨 있는 알처럼/꿈꾸며 반짝이는 그 공간들을/나는 사랑한다/꿈꾸므로 반짝이고/품겨 있으므로 꿈꾸는/그 공간들은 그리하여/항상 태어날 준비가 되어 있다./항상 새로 태어나고 있다./…/그 공간들을 드나드는 때를 또한/나는 사랑한다./들어갈 때와 나갈 때,/그 모든 때는 太初(태초)와 같

다./햇살 속의 먼지와도 같이/반짝이는 그 때의 숨결을/나는 온 몸으로 숨쉬며/드나든다. 오호라/시간 속에 秘藏(비장)되어 있는 태초를/나는 숨쉬며/드나든다/…/내가 드나드는 공간들이여/그 렇게 움직이는 때들이여/서로 품에 안겨/서로 배고 낳느니/꿈꾸 며 반짝이느니.

삶·시간·환경의 상호작용이 중요

내가 드나들고 사랑하는 '공간'들과 '때'들이 '태어날 준비가 되어 있 다./항상 새로 태어나고 있다'. 시간, 환경, 주체가 지속적으로 상호 관입할 때만 '이미지들'이 된다. 그래서 내가 드나드는 공간과 때들 의 '이미지들'을 감싸고 있는 '이미지들'을 뚫고 나와 새롭게 결합하 여 항상 새로 태어난다. 태초의 시간들 속엔 '이미지들'이 움직인다. 태초의 공간들의 움직임이 때이다. 그러므로 때 속에는 태초가 비장 되어 있다. 때와 공간은 서로를 배고 낳는다. 그 순간 시간, 사물, 주 체, 환경들이 지속적으로 상호관입하여 새로운 '이미지들'을 창조적 으로 만든다. 그래서 시인은 "내가 드나드는 공간들이여/그렇게 움직 이는 때들이여/서로 품에 안겨/서로 배고 낳느니/꿈꾸며 반짝이느니' 라고 시를 종결짓는다.

 태초를 드나듦을 기점으로 하여 비장의 '이미지들'이 하나둘씩 드 러나기 시작했다. 시인은 이를 '때와 공간은 서로를 배고 낳는다'라고 말한다. 때와 공간이 서로 배고 낳는 것들이 바로 '이미지들'이다. 이 것을 명심해야 한다. 감히 이미지 조각들을 무시해서는 안 된다. 인 간은 부재의 이미지 조각들을 찾는다. 그래서 삶 자체를 이미지로 표 현하려고 한다. 누드 엘레베이터가 바로 그 증거는 아닐까?

Coffee Break

진짜 건축가 식별법

일생을 살면서 꽤 많은 사람들이 적어도 한번쯤은 자신의 집이나 건물을 짓기 위해 건축가들에게 설계를 의뢰할 경우가 있을 것이다. 이럴 때 사람들을 당혹하게 하는 것이 어떤 건축가를 선택하느냐 하는 것이다.

겉보기로는 건축가 혹은 건축사들은 모두 동일한 자격을 갖춘 것처럼 보이므로 전문적인 식견이 없는 건축주의 입장에서는 '누가 진짜이고 누가 가짜'인지 식별하기 힘들다. 이들을 간단하게 구분할 수 있는 방법이 없을까.

필자의 입장에서는 우선 자신이 선택한 건축가가 직접 설계를 하는지의 여부를 알아봐야 한다고 본다. 건축가들 가운데는 설계사무소를 운영하면서도 아랫사람들에게 설계를 전적으로 맡기고 자신은 단지 건축주와 설계자를 연결해주는 '마담 뚜'의 역할을 하는 경우가 흔하기 때문이다. 이러한 설계사무소의 건축은 설계비만 노리는 무책임한 건축이 되기 십상이다.

이것저것 여러 군데에 손을 대고 있는 건축가들은 피하는 것이 좋다. 그들의 건축은 십중팔구 '찔끔거리는' 건축일 확률이 높다.

여러 직함을 갖고 있는 건축가들도 가능하면 피해야 한다. 시 구청의 각종 자문위원이나 라이온스클럽 회장, 부회장이니 하는 직함들을 갖고 있으면 그만큼 다른 일에 시간을 소비해야 하기 때문에 정작 설계할 시간이 부족해 '허둥지둥거리는' 건축일 수밖에 없다. 마지막으로 건축주에게 원칙이나 철학도 없이 마냥 고개 숙이는 건축가는 일단 의심해 봐야 한다. 일을 따내기 위해 수단과 방법을 가리지 않는 건축가들은 자신의 생각을 동전 뒤집듯이 쉽게 바꾸기 때문에 '심지 있는' 건축보다는 '음흉한' 건축이 잠복해 있음을 알아둘 필요가 있다.

한마디로 진짜와 가짜 건축가의 차이는 포장술이 요란한가의 여부에 있다. 유행이나 겉치레를 뛰어넘어 '꼿꼿이 중심을 잡고 있는' 건축가는 옹골찬 건축의 의미를 보여줄 것이다. 모든 건축주들이여, 진짜 건축가를 구하기 위해서는 '인간은 외모를 보지만 신은 중심을 본다'는 경구를 명심하기를 바란다.

Story 27

부산 안창마을

> 마을은 미로처럼 얽혀 있지만 무질서 속에 질서, 질서 속에 무질서가 공존하는 독특한 모양새가 있다.

　광복 전 소수의 토굴이 도시외곽에 있었다. 그러다 광복과 6·25전쟁, 그리고 혼란기를 거치면서 수많은 사람들이 부산, 서울 등의 대도시로 유입하기 시작했다. 이리하여 광복촌, 판자촌 등이 생겨났다.
　어디인지 경계는 알 수 없지만 부산 동구 범일6동 및 부산진구 범천2동이 안창마을 일원 속으로 들어간다. 수정산 북측 160~250m 고지대에 입지한 자연발생 밀집취락이다. 수정산(315m), 엄광산(503m) 등에 의해 둘러싸여 외곽지역과는 구분이 된다. 서쪽으로 동의대, 동쪽 아랫부분은 동구 기성 시가지가 있다. 동구청으로부터 약 1.7km 이격되어 있으며 기존 주택지와는 약 750m 떨어져 있다.
　깜짝 놀랐다. 부산 시내에 이렇게 열악한 곳이 있는 줄은. 그런데다 벽면 곳곳에 그린 벽화의 색깔은 퇴색돼가고 있었다. 길을 따라 걷다보니 바닥면이 고르지 않았다. 게다가 길이 앞으로 어떻게 될지 예측불허다. 갑자기 막다른 골목이 되기도 하고 없었던 길이 불쑥 나타나기도 한다. 이곳을 처음 방문하는 이들에게는 완전히 미로게임이다. 집을 찾기 위해 예민한 본능이 필요하다. 그곳에 사는 주민은 단번에 자기 집을 찾지만 외지인은 단숨에 길찾기가 어렵다. 그에게는 미로와 같다. 외지인에게는 전체가 무질서하게 보이지만 현지인은 무질서가 질서, 질서가 무질서로 바뀌는 지점이 어디인지 정확히 안다.

마을의 평상이 하는 역할

우리가 이야기하는 질서는 다음과 같다. 외부→반외부(半外部)→반내부(半内部)→내부, 공적공간→반공적(半公的)공간→반사적(半私的)공간→사적공간, 큰 규모 그룹→중간규모 그룹→소규모 그룹, 시끄러운 공간→완충공간→조용한 공간 등의 순으로 위계적 배열이다. 외부와 내부, 공적과 사적, 큰 규모와 소규모 등에서는 반드시 완충공간이 있다. 건축물에 있어서 로비가 완충공간이 되어 안쪽으로 내부→사적→조용한 공간 등이, 바깥쪽으로 외부→공적공간→시끄러운 공간 등이 배열된다.

안창마을은 이러한 위계질서에 따르는가? 따르지 않는다. 마을 전체가 공유(公有), 유동(流動)의 공간이므로 별도의 공적, 사적, 완충공간이라는 건축적 장치가 없었다. 평상(平床)의 역할이 지대했다. 평상이 어디로 가느냐에 따라 이것이 사적인 공간이 되기도, 공적인 공간이 되기도 했다. 평상을 마당과 마당에 걸쳐두기도 하고 뒷마당의 은밀한 곳에 두기도 했다. 지극히 공적인 공간에서 사적인 공간으로 변했다.

과연 사적공간, 공적공간, 반사적공간, 반공적공간이 우리나라 전통적 마을에서 있는가? 시인 문태준은 그의 시 「평상이 있는 국숫집」에서 이러한 질서관계를 단번에 허물어트린다. 이 시는 단숨에 공적이니 사적이니 하는 시비를 잠재운다.

평상이 있는 국숫집에 갔다/ 붐비는 국숫집은 삼거리 슈퍼 같다/ 평상에 마주 앉은 사람들/세월 넘어온 친정 오빠를 서로 만난 것 같다/국수가 찬물에 헹궈져 건져 올려지는 동안/
쯧쯧쯧 쯧쯧쯧쯧./
손이 손을 잡는 말/눈이 눈을 쓸어주는 말/병실에서 온 사람도 있다/식당일 손 놓고 온 사람도 있다/마주 앉은 사람보다 먼저 더 서럽다/세상에 이런 짧은 말이 있어서/세상에 이런 깊은 말이 있어서/국수가 찬물에 헹궈져 건져 올려지는 동안/
쯧쯧쯧쯧 쯧쯧쯧쯧…

마을에 스며 있는 공유의 문화

저 집들이 과연 형태, 기능, 일조, 통풍, 채광을 고려하고 지었을까. 집들이 워낙 다닥다닥 붙어있어 일조, 통풍, 채광이 제대로 될까 하는 생각이 들었지만 이내 그런 배열이면 충분할 것 같다는 생각이 들었다. 주거의 높낮이가 전부 달라 일조, 통풍, 채광이 어느 정도 가능할 것 같아 보였다. 담이 없는 경우가 많다.

이 경우 위상기하학방식(도형의 位上的 성질을 연구하는 기하학: 근접 분리 질서 폐합, 연속 관계를 다룸)의 배치가 중요한 역할을 한다. 특히 지붕, 마당 등을 공유하는 경우도 많았다. 기물도 서로 빌려주곤 하였다. 심지어 환갑, 김장을 담그는 날, 제사, 혼인날은 온 동네 잔치였다. 여기에 무슨 공적, 반공적, 반사적, 사적의 위계구분이 존재하였겠는가? 특히 장례식 날은 당사자의 집, 앞집, 옆집, 뒷집 등등이 참여하는 마을 공동의 행사였다.

급히 화장실 갈 일이 생겼다. 예상 외로 공중화장실은 근처에 있었다. 재래식 변소다. 어린 시절 많이 보던 장면임에도 눈길이 그것으로 가질 않는다. 그럼에도 마을은 '거시기'한 것조차도 공유하고 있었던 게다.

무척 좁아 보이는 방에서 3~5명이 너끈히 먹고 잔다는 것은 전적으로 우리의 공유성 문화 덕이다. 개인의 이불, 화장실, 평상 등의 공유, 마을의 대부분 것들이 공유되어 있는 상태다.

공유의 문화 속에 살아있는 차이

시인 최서림은 「둥지」를 통해 우리 마을의 공유문화를 전한다.

> 자세히 들여다보면./ 모든 집에는 나름의 역사가 꼬물거리고 있
> 듯/ 그 집만의 냄새가 우물처럼 고여 있다/ 집의 냄새는 사람의
> 냄새다, 아니 삶이 응축된 냄새다….

마을의 각 집에는 삶이 응축된 냄새가 배어있다. 안창마을에서는 각 집 삶의 냄새가 혼합되어 단일의 냄새가 난다. 마을 전체의 냄새다. 이런 것들이 마을이 갖는 공유성의 기본이 된다. 말이 마을이지 한 집과 같이 움직인다. 옆집과 같이 쓰는 담, 지붕, 화장실, 평상 등. 마을이 하나의 조각보처럼 얼기설기 섞여있다. 오늘날 불통의 세계에 살고 있는 우리는 안창마을에서 무엇을 배워야 하나? 나누어 씀으로 인해 생겨나는 소통의(유동의) 정신이다. 온 마을의 냄새가 뒤섞여 하나의 냄새를 이루는 것처럼 집도 사람도 화이부동(和而不同)이다. 그럼에도 시인 최서림의 말처럼 집끼리 차이가 있다. 그러나 달을 공유하는 것처럼 마을 전체가 공유하는 것이 있다.

> 모든 집에는/제 각각의 역사가 있다/ 나무들처럼 자세히 들여다
> 봐야만/ 겨우 보이는 사람들의 역사가 숨어있다./…/
> 지하방까지 따라 들어온 저 달은 누구에게나 둥글다

온 마을의 냄새가 뒤섞여 하나의 냄새를 이루나 모든 집에는 제각각 역사가 있다. 그러나 그 역사란 것이 숨어있어 나무들처럼 자세히 들여다봐야지만 겨우 보인다. 숨은 역사는 혼자만의 역사가 아니다.

마을의 모든 집들이 각각의 집의 역사를 공유한다. 그래서 지하방까지 따라 들어온 저 달은 누구에게나 둥글지만 각각의 집의 역사를 얼기설기 나누어 가진다.

불통의 도시공간이 여기서 배워야 할 것

안창마을은 우리나라의 일반적 마을처럼 위계와 질서가 잡혀있는 일종의 고정화된 마을이 아니다. 안창마을은 거주하는 사람들 중 태반이 돈을 벌면 마을을 떠나려고 한다. 이 사실에 주목할 때, 마을 생계유지를 위해 자체에 대한 애착이 상실되어 가고 있음을 알 수 있다. 주민들은 근처에 있는 동의대 구성원들에게 오리고기를 요리하여 파는 집이 많아 대학에 대한 의존도가 높다. 이에 따라 상당히 개방적이다. 또한 동의대 학생들을 중심으로 한 젊은이와 커뮤니케이션이 잦아 현실에 대한 의문이나 정치판의 이야기를 학생들을 통해 쉽게 들을 수 있다.

안창마을은 수평적 세계관을 갖는다. 마을을 지배할 지배계급이 없다. 주민들은 진보적 성향이 강하다. 대학생들의 영향을 받은 듯하다. 안창마을은 현실적이기 때문에 원인-결과를 일회적으로 보는 경향이 강하다. 물고기가 필요하니 잡는다는 식의 현실성을 띤다. 안창마을에도 형이상학적인 것이 확실해지면 마을의 질서, 구조가 명확해질 것이다.

현재 안창마을은 외지의 영세인들이 자꾸 유입해 오고 돈을 번 사람들은 마을을 떠나고 있다. 평상에서 마음을 주고받는 사람들이 점차로 사라지고 있는 현실은 공유성, 유동성이 있던 집들 사이의 너와 나의 경계선이 고정화되고 있음을 우리에게 알린다. 고정화는 우리 전통마을의 입장에서 보면 치명적이다. 마을의 전통재활성화에 있어 모든 것을 포기하더라도 건축적 측면에서 공유성, 유동성만은 포기해서는 안 된다. 공적 영역에서 반공적 영역으로, 사적 영역에서 반사적 영역으로 유동성 있게 전환하는 점, 즉 공유성, 유동성을 통해 무질서가 질서가 되고 질서가 무질서가 되는 지점 찾기는 반드시 배워야 할 사항이다.

Story 28

영도등대 해양문화공간

> 오랜 세월 바다가 간직한 옛이야기 들려오는 영도등대.

참으로 오랜만이다. 태종대야!, 바다야! 대다수 시민들은 부산에 살면서도 바다를 거의 망각하고 산다. 산이 70%가량이므로 부산시민들은 거의 산을 보고 산다고 해도 틀린 말은 아닐 게다. 필자의 경우도 늘 부산대 뒤쪽의 금정산, 우측 멀리 보이는 황령산, 앞의 구월산 등을 바라보면서 지내므로 부산이 수변도시라는 것을 망각하고 산다. 가끔 바다 근처에 가서야 이곳이 해양도시임을 느낀다. 참으로 기묘한 도시다. 부산이란 도시는 변화가 심한 만큼 새로움도 잦지만 지속되지는 않는다. 아마 태종대쯤에 오면 우리는 바다를 끼고 살고 있구나 느끼지만 다시 뭍으로 가면 산을 끼고 있다고 느낀다. 수목들 사이로 조금씩 보이는 바다! 그것들 사이에 보이는 하늘과 또 다른 뉘앙스를 풍긴다. 수목들 사이의 바다는 거의 촉각적이지만 그것들 사이의 하늘은 시각적인 면이 강하다. 수목이 듬성듬성하다가 그것이 사라지는 순간, 시야가 확 열리고 바다가 손에 쥐일 듯하고 하늘은 한층 더 가까워진다. 감각이 예민한 사람은 이러한 변화와 새로움에 깜짝깜짝 놀란다.

현실적 기능과 환상적 분위기의 만남

이런 과정을 수십 번 거친 후 마침내 바다 한가운데 떠 있는 듯한 영도등대 해양문화공간(이하 영도등대) 입구에 도달했다. 우리 일행은 마치 영도등대라는 거대한 배의 입구에 서 있는 듯했고, 거대한 배 앞에 선 우리는 먼 여행을 떠나는 어린이마냥 들떠있었다. 계단을 하나씩 내려갈 때마다 바다가 대화를 걸어오는 듯했다. 저 깊고 푸름은 끝없이 우리에게 과거를 되뇌이게 만들었다. 이리로 와서 자기의 오래된 이야기를 들어보라고. 신라 태종 무열왕이 해안에 깎아지른 듯 솟은 기암괴석과 나눈 이야기들, 무수한 세월 동안 바다가 품고 있던 이야기들, 그것들이 빚어낸 지혜로운 말들, 10여 년 전에 왔을 때나 지금이나 여전하다.

꿈꾸는 듯한 세상을 떠나 현 세상으로 돌아간다. 등대의 위치는 부산광역시 영도구 동삼동 1054번지. 영도등대가 최초 점등한 것은 1906년이고 2004년 8월까지 존속했다. 등탑구조는 원형 콘크리트조이고 높이 35m(평균해면상 고도 75m)다. 현 건축물이 준공된 것은 2004년 8월이다. 건축사 김명규(일신설계종합건축사사무소)가 설계했다. 대지 13,257㎡, 건물 3개동(등대동 995㎡, 전시동 179㎡, 휴게동 254㎡). 등대동은 등탑, 사무실, 세미나실, 영사관, 숙소 등을 포함한다. 전시동은 갤러리 1관, 2관이다. 휴게동은 자연사전시실, 휴게실로 구성된다.

등대의 주요기능은 광파표지·전파표지·음파표지(도로표지판과 유사하게 해상에서 광파·전파·음파에 의해 식별), 인근 무인표시 감시(등대 1기, 등표 1기, 유도등 부표 1기), 해상기상정보수집 및 제공, VTS 레이더 및 소방장비관리, 해양문화공간 운영 등의 역할을 한다.

등대 기능과 해양문화공간 합쳐

이 등대는 우리나라 최초로 등대와 해양문화공간을 융해시켜놓았다. 등대에다 야외공연장(495㎡), 등탑전망대(평균해면상 72m·등탑내부 선박 변천과정 패널 18점 전시), 해양도서관(장서 6,000여 권), 정보이용실(컴퓨터 4대 설치, 관람객 자유이용), 자연사박물관 등의 문화시설이 융해되어 있다. 이외에도 해양 및 등대기념 조형물, 태종바위, 신선바위, 망부석, 공룡발자국 등이 있다. 등대와 대조적인 '무한의 빛'이라는 제목을 가진 조형물도 있다. 스테인리스로 지름 9m의 일부 절개된 원형에 바다를 향해 나아가는 침 모양의 조형물이다. 2004년 4월에 준공된 것으로 "영도등대 100주년을 기념하여 빛이 하늘과 바다를 뚫고 영원히 우주로 나아가는 형상을 나타낸다." 한다.

'무한의 빛'과 대조적으로 인간이 유한하게 사용하는 등대는 어떻게 무한의 빛을 얻는가? 이 '놈'을 알아보기 전에 평면을 한번 훑어볼 필요가 있다. 평면에서 주요 역할을 하는 것은 공간적으로 오륙도등대, 생도등표, 영도등대가 각각 한 꼭지점이 되어 삼각형을 만드는 지점에 배치된 사무실의 위치다. 평면에서 주요 역할을 담당하는 것은 시간적으로 100여 년 전부터 뿌리를 내리고 있는 석축, 태종대바위, 신선바위 망부석, 공룡발자국 등 너무 오래돼 시간을 가늠할 수 없는 것들이다. 이것들 역시 평면의 계단 배치에 직간접으로 영향을 준 '놈'들이다. 지하층은 역시 관리에 관계된 부분들이 배치돼 있다. 정화조 관리층, 등대계단실, 무신호실, 외부 데크(등대역사마당), 석축을 바탕으로 아치터널 벽면에 '흔적을 남겨주세요'란 코너를 만들어 출입객이 글로 무엇을 남기도록 하였다. 아마 태종대를 비롯한 바위들, 공룡발자국에서 나온 아이디어인 듯하다.

문태준 시인의 시 「매화나무 해산」

경사지를 살리는 방법이 오로지 계단이나 경사로다. 장애인을 위해 경사로나 엘리베이터가 필요하다. 이전의 지붕선이 수평 일색이었으나 신축한 등대에서 경사지에 조화를 이루기 위해 계단을 적절히 사용했다. 특히 건축물을 횡으로 가로지르는 계단은 우리를 여러 가지 생각에 잠기게 한다. 건축가의 혜안이 담겨있음에 틀림없다. 100여 년 전 지은 등대는 평슬라브여서 지형과 잘 어울리지 못했는데 현 등대는 공간적인 지속에서는 사선으로 부지와 나란히 가는 부분이 많아 경사지에 어울린다.

공간적 지속과 시간적 지속에 건축이 어떻게 대응해야 하나를 고민하고 있는 건축가는 공간적 지속이 건축을 결정한다고 믿는 것 같다. 요즈음 건축처럼 시간이 전혀 새겨지지 않는 건축물의 당돌함에 당혹해 하는 건축가들이 하나둘 줄어간다. 공간적으로나 시간적으로 무엇을 쟁취하려는 시도가 줄어가고 있는 마당에 시인 문태준의 「매화나무의 解産」을 한 번쯤 음미할 필요가 있다.

늙수그레한 매화나무 한 그루/ 배꼽 같은 꽃피어 나무가 환하다/ 늙고 고집 센 임부의 해산 같다/ 나무의 자궁은 늙어 쭈그렁한데/ 깊은 골에서 골물이 나와 꽃이 나와/ 꽃에서 갓난 아가 살갗 냄새가 난다/ 젖이 불은 매화나무가 넋을 놓고 앉아 있다.

매화나무는 오래된 것에 대한 은유다. 꽃은 새것에 대한 은유이다. 매화나무는 석축, 태종대 바위, 신선바위, 망부석, 공룡발자국 등을 상징한다. 꽃은 등대를 상징한다. 깊은 골에 골물이 나와 꽃이 나온다는 것은 시간의 지속이라는 배경에 대해 꽃이라는 순간, 즉 그림이 자꾸 바뀌는 것 같다. 왜냐하면 젖이 불은 매화나무가 넋을 놓고 앉아 있다는 것은 꽃들이 자꾸 피어난다는 것이기도 하지만 오래된 것과 새것의 결합이 그만큼 어렵다는 것이다. '오래됨'이 변화와 새로움을 수용한다는 것이 얼마나 고통스러운지 시를 통해 알 수 있다. 새로운 것을 창작해내는 것이 얼마나 고통스러운가? 마치 어머니가 산고 끝에 아이를 낳는 것처럼 말이다.

옛것과 새것의 담대한 만남 필요

100여 년 전 구축된 석축, 태종대바위, 신선대, 망부석, 공룡발자국 등 수많은 옛것들과 등대라는 새것의 마주침이다. '흔적을 남기세요' 라고 한 벽면낙서판은 가장 최근의 변화와 새로움을 수용하는 건축적 장치이다. 탁월한 건축적 장치다. 그러나 옛것에 대한 배려가 부족하다. 시에서처럼 등대를 꽃으로 친다면 가장 최근에 핀 꽃이다. 그런데 시대가 변함에 따라 전의 이미지들을 없앨 것이 아니라 매화나 무처럼 초기 이미지부터 최근 이미지까지 잘 보존할 수 없을까? 지속과 변화, 새로움이란 세 마리 토끼를 동시에 잡는 것이야말로 건축이 지향해야 할 지점이다.

   시간성을 잃어버린 도시와 건축들은 기억상실증의 그것들이다. 건축들에는 지속성 없이 변화와 새로움만 있다. 근거 없는 변화와 새로움은 우리에게 아무 감흥을 주지 못한다. 건축가는 건축이 땅과의 관계맺기, 즉 지속·변화·새로움을 창출하는 것임을 깨달아야 한다. 옛것과 새로운 것들 사이의 갈등이 부산, 아니 우리나라 도처에서 일어나고 있다. 단기간에 급속한 경제발전을 이룩한 우리나라의 경우 그 갈등은 더욱 심각하다. 이제 우리는 옛것과 새로운 것의 충돌을 피할 것이 아니라 담대히 맞부딪칠 용기가 있어야 한다. 지속·변화·새로움이란 세 마리 토끼를 잡으면서 말이다. 영도등대처럼 설계할 건물 주위에 문화재가 있을 때 건축가는 위기와 동시에 기회를 포착해야 하지 않을까? 등대가 무한의 빛을 가지기 위해서는 지속·변화·새로움을 동반해야만 한다. 새로움이란 빛이 지속적으로 변화하는 것이므로.

Story 29

센텀시티와 정현종 시인의 「섬」

센텀시티와 정현종 시인의 「섬」

I

센텀시티의 개발철학은 한마디로 인간, 자연, 기술이 어우러지는 도심 속의 세방(世/地)화된(국제화와 지역화가 동시에 아우러짐) 소도시를 창조하는 것이다. 개발철학이 다분히 동양적 자연관에 바탕을 두긴 했지만 역동적인 면이 있다. 결국 센텀시티의 개발철학은 동양적인 자연관에 역동성(기술성·서구성)을 가미해 놓았다.

조금은 시적이긴 하지만, 우리가 도시나 건축을 구축할 때 땅·하늘·전통·인간이 서로에게 물어볼 필요가 있다. 4자 간의 의견교환이 필요하다. 그래서 합의가 필요하다. 합의가 이루어질 때 서로 간의 역할분담이 이뤄질 것이다. 역할분담이라곤 하지만 서로 섞여 작업을 하게 되므로 4자 간의 욕심 없는 자기 헌신이다. 우리는 하늘·땅·전통·인간(기술·기억·꿈·상상·목적)이 서로 아우러져 혼연일체를 이루면서 동시에 끊임없이 변하는 맛을 지닌 곳에 실존적으로 살고 있다. 이들 네 요소가 상호관입하는 데 실패하면, 즉 아우러지는 데 실패하면 인간(기술)이 만용을 부린다. 만용이 균형점에 가면 4자가 평화공존하여 거주하지만 균형점에 가지 못하면 욕망에 따라 배회하게 된다. 그래서인지 욕망을 벗어나 4자가 평화공존하는 곳, 즉 인간이 실존하는 곳이 정현종의 시에서는 「섬」으로 표현된다. '사람들 사이에 섬이 있다/ 그섬에 가고 싶다'.

이 '섬'으로 인해 세계는 고유의 맛을 지닌다. 우리는 이 '섬'의 일부이며 세계는 바로 지역이다. 이 지역은 바로 우리의 기억과 꿈, 상상, 목적으로 채색돼 있다. 우리의 삶을 담는 도시건축은 이들을 섞는 비빔밥이며 건축 또한 비빔밥의 한 부분이기도 하다. 하늘·땅·전통·기술, 기억·상상·꿈·목적 등과 어우러진 건축은 늘 변화하면서 새로움을 지속적으로 우리에게 준다. 우리가 부산의 도시건축을 둘러싼 '따로따로' 풍경으로부터 '섬' 또는 지역적 풍경을 볼 수 있을 때 바로 이런 변화와 새로움의 기운을 쉽게 감지한다. 그러나 아쉽게도 많은 경우에 '섬'은 우리들 인간의 욕망에 대한 편애로 말미암아 고정적이고 단편적인 것들로 환원되고 만다. 신세계백화점 센텀시티(이하 신세계)와 롯데백화점 센텀시티점(이하 롯데)을 통해 센텀시티 일부가 어떻게 욕망화되었는지 살펴본다.

왜 센텀시티의 건물들은 따로따로 놀까

수영비행장이 센텀시티로 바뀌면서 부산에 새롭게 역동적으로 변화하는 세계를 창조할 기회가 주어졌다. 그러나 '섬'이 센텀시티의 한 가운데로 수로와 녹지공간을 공통적으로 요구함에도 센텀시티 건설 관계자는 이를 무심히 그냥 지나쳤다. 수로와 녹지가 땅들을 상호관입시켜 놓았을 법했는데, 결과적으로 하나로 어우러져야 할 도시는 그만 파편화되고 고정화되어 따로따로의 오브제들로 바뀌었다. 신세계와 롯데는 풍경의 풍경으로서 흡입되지 못하고 도시건축의 주위를 감싸 흐르는 기운을 무덤덤하게 그냥 지나친다. 물, 녹지가 도시의 중앙부를 관통했으면 땅·하늘·전통·인간을 아우르는 매개체, 즉 '섬'의 역할을 하였을 것이다. 섬은 요구한다. 신세계의 그 긴 매스를 좀 잘라주라고 말이다. 그러나 불행히도 긴 매스는 섬이 들어설 기회를 막는다. 더구나 옆의 롯데가 신세계 옆에 아주 밀착되어 있어 '섬'의 요구에 부응하지 못하고 있다.

신세계와 근방의 에이펙(APEC)나루공원도 '섬'이 상호관입할 것을 요구한다. 신세계 따로, 롯데 따로, 수영강 따로 놀고 있음을 '섬'은 준열히 꾸짖는다. 인간의 독단으로 그런 결과가 나온 것임을 섬은 잘 알고 있다. 인간의 독단으로 도시건축을 해서는 안 된다. 반드시 땅, 하늘, 그리고 영속적인 것들과 합의를 보아야 한다. 상호관입하여야 한다. 인간은 자신의 욕망을 채우기 위해 독선을 부린다. 적어도 공공성을 띠는 도시건축에서는 '섬'이 되어 스스로 자문자답해 볼 필요가 있다. 매장의 면적을 최대한 넓히기 위해 '틈새 조망'(통경축) 따위는 아예 무시해버리는 태도는 섬과의 대화가 전혀 되지 않는 상태이다. 지하철역에 바로 근접해 있는 두 백화점의 지하 입구 앞은 '섬'과 전혀 관련 없는 인공의 대지다. 소위 가상의 공간이다. 여기서부터는 '섬'과의 관계 두절이 이루어지고 인간의 욕망만이 배회할 뿐이다.

　　위로 올라가 외부공간을 우선 보자. 두 백화점 규모에 비해 외부공간이 턱없이 부족한 듯하다. 물론 이윤추구가 사기업의 궁극적 목적이라 할지라도 이 정도 규모라면 공공성을 고려해야 한다. 아마 롯데가 먼저 지어졌을 것이다. 신세계가 나중에 들어설 것을 알았을 것이다. 이 경우 두 백화점이 서로 상생하는 모습을 보였다면 외부공간도 당연히 달라졌을 것이다. 두 백화점의 지하 외부공간-롯데의 지상 외부공간-신세계의 지상 외부공간-지하공원-에이펙 나루공원-수영강으로 이어지는 일련의 띠형의 산책로 공원을 섬은 원하지 않았을까. 섬은 상호관입을 원하므로. 두 백화점이 조금만 의사소통해 상호관입했더라면 세계에서 알려진 명품백화점이 되었을 것이다. '섬'은 궁극적으로 인간에게 이윤을 부여한다. '섬'이 궁극적으로 그 이윤을 우리 인간에게 어떻게 부여하나? 센텀시티의 핵심부인 부산영상센터로 가본다. 여기서도 '섬'에서 벗어나 파편화, 오브제화되어 가는 경향을 엿볼 수 있다. 왜 이런 경향이 일어나는가?

두레라움, 출중함에도 조화는 어려워

선적인 규제인 '국토이용법'을 거쳐 면적 및 공간적 규제인 '국토계획 및 이용에 관한 법'이 생기고 지구단위 계획법이 시행되면서부터이다. 지구단위계획을 하려면 특정 지구단위가 공간적으로 계획 및 설계가 이루어져야 함에도 면적인 계획 및 설계가 주로 이루어짐으로써 공간의 질적인 면이 무시되고 면으로 환원·축소되고 말았다. 공간의 질적인 것이 면으로 변했는데 특정지구의 지구단위계획이 어찌 가능한가? 공간의 질이 관통하고 하늘·땅·전통·인간(콘텐츠를 담을 수 있는 프로그램)이 어우러져 그야말로 '섬'적인 공간계획을 통해 지구단위계획을 만들어야 했다. 미리 특정지구단위를 가설계한 다음 거꾸로 그것을 하는 것도 좋은 방법 중의 하나.

예를 들어 부산영상센터 지역으로 가본다. 그것은 부산영상센터(두레라움), 영화진흥위원회, 영상물등급위원회, 문화콘텐츠컴플렉스, 영상 후반부작업시설로 구성된다. 여기서 주의해야 할 점은 일반적인 건축물과는 달리 건축선의 '뒤로 물림'(setback)이 가능하다는 점이다. 건폐율 및 용적률, 건축선의 통제가 가능한 공공건축물이므로. 참으로 자연스럽게 그리고 자유스럽게 건축할 귀한 순간이다. 그러나 지구단위계획에서부터 면으로 출발했기 때문에, 즉 두레라움의 모뉴멘탈한 조형만으로 평면상에는 아무런 하자를 발생시키지 않기 때문에 공간의 질의 문제는 따지지 않았다.

그리하여 두레라움은 공간적으로 출중한 콘텍스트를 만들어내어 주위와 차이를 만든다. 달리 이야기하면 부산영상센터가 들어서는 지역 내의 건축물들이 일률적으로 뛰어난 두레라움의 모뉴멘탈한 콘텍스트에 맞추기 어렵다는 점이다. 워낙 탁월해서 까다로운 두레라움의 모뉴멘탈한 콘텍스트를 완화하기 위해 주위의 숲과 물을 포함

할 만한 대지들을 상호관입시키는 건축물들이 세워졌으면 했다. 면으로 보아서는 판별할 수 없는 것들이 공간으로는 '섬'에서 벗어나 파편화, 오브제화되어 가는 경향을 엿볼 수 있다. 이러한 경향은 우리의 욕망 탓일 것이다. 우리의 욕망이 희석되지 않는 한 '섬'에 돌아갈 수 없을 것이다.

센텀시티의 초심 지금이라도 점검하자

해운대 신세계와 롯데는 서울본점의 모사이고 서울본점은 미국·일본 백화점의 모사이다. 이것이 센텀시티의 개발철학인가? 아니다. 진정으로 도심 속 세방화된 소도시, 센텀이 되기 위해서는 선진국의 모사인 서울의 재현 장소에서 벗어나 역동적으로 움직이는 '섬'이 되어야 한다. '섬'이 다시 살아날 때, 인간·자연·기술이 아우러지는 센텀도 다시 살아날 것이다. 센텀이 선진도시의 첫 주자가 되기 위해서는 그것의 개발철학을 지키는 것이 바람직하다. "사람들 사이에 섬이 있다/ 그섬에 가고 싶다." 이 시를 이렇게 바꾸고 싶다. '부산사람들 사이에는 센텀이 있다/ 그 센텀에 꼭 가고 싶다'. 우리는 다음의 사실을 확신할 필요가 있다. '부산사람들 사이에 섬은 분명히 있다. 다만 배회하는 욕망 때문에 그곳에 가지 않을 뿐이다.' 센텀시티가 지금이라도 처음의 개발철학에 충실히 따를 때 처음 의도에 부응하는 진정한 센텀으로 거듭날 것이다. 개발이 마무리되어 가는 이즈음 초심을 다시 점검함이 바람직하다.

Story 30

에필로그
오래된 새로운 건축을 지향한다

| 에필로그 |
오래된 새로운 건축을 지향한다

부산 부산진구를 중심으로 한 대표적 도심지 일대의 야경. 수많은 건축물들이 산천과 조화를 이루도록 더 깊은 안목과 노력이 필요하다.

황지우는 그의 시 '아이들은 먼 것을 보기를 좋아한다'에서 습관적인 행위는 인간을 기계처럼 만듦을 암시한다. 변화없는 반복적 행위는 인간을 습관화한다. 이 시는 TV를 쳐다보고만 있는 부처를 한 쪽에 두고 다른 한 쪽에는 TV를 둔 고 백남준 작품을 연상시킨다. 이 시에서도 TV 앞에 어린 아이들이 몰두해있다.

> 그렇게 텔레비전을 못 보게 해도 / 그래서 스위치 꼭지를 빼어 감
> 춰버렸는데도 / 아이들은 어느새 / 앉아서/ TV를 禪하고 있다.
> TELEVISION아이란 열혈신자(시 1)

이 작품은 여러 가지 면을 상징한다. 세인들의 욕망에 의해 만들어진 우상, 물질문명에 장악되는 종교, 기술에 의하여 정교해지는 종교, 득도와 동심 등등. 종교가 이루 말할 수 없는 면을 지니고 있음을 드러낸다. 이러한 상징들을 가로질러 전달하고자 하는 메시지도 여러 가지다. 그 중에서도 대표적인 것은 습관화된 종교에 대한 경계심과 종교를 도구로 대하는 기복신앙에 대한 우려 등이다. 습관화된 종교처럼 습관화된 건축도 규칙과 법칙에 의존한다. 그렇게 타성화된다. 일종의 매너리즘이다. 기복신앙이 종교를 대하는 것도 건축을 유용성의 측면에서 도구화시키는, 즉 기능화 및 기술화시키는 건축도 역시 일종의 실용주의다.

낯설게 하기가 필요한 이유

습관화된 건축이든, 도구화된 건축이든 그 주위에는 이상야릇한 만남이 존재한다. 이 만남은 뭘까? 습관적 맥락에서 보면 연필은 연필일 뿐이다. 습관에서 벗어나면 그것이 회초리, 흉기 등으로 작동한다. 습관적 맥락이 삶에 대해 고정된 방식의 얼개로 작동한다면 습관화된 것은 그것 자체로 밖에 보이지 않는다.

맥락이 고정됨으로써 살아있는 부분으로 인식되지 못 한다. 오브제에 낯설게 하기가 필요한 것은 바로 이런 연유에서다. 예술가 마르셀 뒤샹이 20세기 초 변기를 화장실에서 떼어와 전시장에 갖다놓아 엄청난 파문을 일으켰던 사건은 유명하다. 이는 '낯설게 하기'를 행함으로써 습관적 만남이 다시 낯설게 되고 자유롭고 새로운 만남을 통해 삶의 얼개를 재구축하면서 오래된 새로움 얻게 한다. 여기서 얻는 만남이 소모성으로 끝나면 도구적 만남이다. 소모성이 아니고 지속적이면 예술적 만남이다.

낯설게 하기는 사물과의 습관적 만남에서 벗어나, 고정화하려는 욕망을 버리고 새로운 만남으로 들어가는 입구이다. 나중에는 결국 다시 도구적 만남을 거쳐 습관적 만남으로 되돌아가더라도 말이다. 여기서 우리는 아래 그림과 같이 순환적 만남이 이루어짐을 알 수 있다.

습관적 만남 ⇥ 차단적 만남 → 도구적 만남 ⟨소모 습관적 만남 ······ ▶ ······
blocking   지속 예술적 만남 ······ ▶ ······

차단적 만남이란 삶의 특정한 얼개 중 어느 한 연결고리가 봉쇄될 경우 삶의 얼개가 전혀 작동하지 않는 상황이다. 즉 부분이 폐쇄될 경우, 삶의 얼개의 일부가 달라질 경우, 습관적인 야릇한 만남은 연극의 막이 바뀌는 것처럼 또 다른 만남으로 변화한다. 여기서 도구적 만남, 즉 재배열이 이루어진다. 재배열, 즉 도구적 만남은 습관적 만남으로 변할 때와 예술적 만남으로 소모성 없이 지속될 때가 있다.

정현종과 황동규의 시

습관적·차단적 만남이 형성되면, 오래된 만남을 통해 새로운 만남이 이루어진다. 정현종의 시, '맑은 날'을 보자.

> 날빛이 맑고 맑아 / 이마가 구름에 닿는다.
> 바람결은 온몸에 / 무한을 살랑댄다.
> 기쁨은 공기 중에 / 희망은 날빛 속에(시 2)

맑은 날, 날빛, 이마, 구름, 바람결, 온몸, 기쁨, 공기 등이 처음에는 차단의 만남과 동시에 일상적, 즉 습관적 만남을 벗어난다. 습관적 만남을 깬다. 습관적 만남 후에 각 연은 차단적 만남을 거쳐 새로이 만난다. 이 새로운 침묵과의 만남을 통해 삶이 배치를 새롭게 이룬다. 예를 들면 '이마가 구름에 닿는다.'는 표현은 습관적 언어 혹은 일상어에서는 말이 되지 않는다. 말이 되지 않은 까닭은 두 단어가 지속적으로 새로운 상황에 봉착하기 때문이다. 그럼에도 불구하고 이마와 구름은 지속적인 새로운 만남'을 이룬다. 결국 시 1과 시 2에서 습관인 것이 봉쇄되고 친밀하면서 낯선 만남을 동시에 지속적으로 함으로써 우리는 오래된 새로움을 끝없이 발견하게 된다.

황동규의 '허물'을 자세히 들여다본다.

매미 허물 하나 / 터진 껍질처럼 나무에 붙어있다. / 여름 신록 싱그런 혀들 사방에서 날아와 / 몸 터진 껍질처럼 나무에 붙어 있다 / 여름 신록 싱그런 혀들 사방에서 날아와 / 몸 못 견디게 간질일 때 / 누군들 터지고 싶지 않았을까?/ 허물 벗는 꿈꾸지 않았을까/ 허물 벗기 직전 매미의 몸/ 어떤 혀, 어떤 살아 있다는 간절한 느낌이 못 견디게 간질였을까?/ 이윽고 몸 안과 밖 가르던 막 찢어지고 / 드디어 허공 속으로 탈각(脫却)!/ 간지럼을 제대로 탔는가는 / 집이나 직장 혹은 주점 옷걸이에 어디엔가 / 걸려있는 제 허물 있는가 살펴보면 알 수 있으리./ 한 차례 온몸으로/ 대허(大虛)하고 소통했다는 감각이.(시 3)

　시 2, 시 3은 서로 다른 것임에도 일상적 만남에서 새로운 만남으로 지향하는 점에서는 똑같다. 시2에서는 드러난 사물들의 상호관입에 의해 일상적 만남과는 또 다른 새로운 만남이 올라온다. 시 3은 안과 밖이 상호관입하여 역시 일상과는 다른 새로운 만남을 드러낸다. 시 3은 오로지 매미가 허물을 벗을 때 일상과의 단절을 뚫고, 새 것과 옛것의 만남을 이룬다.

부산의 사례들

　이 책에서는 이 같은 원칙과 생각이 관통한다. 몇 가지만 예를 들어 보겠다. 요산생가와 요산문학관(건물을 주변과 소통시키기 위해 낯익은 만남과 동시에 낯섦도 가져옴. 새로운 만남은 가져오지 않으나 새로운 모습은 가져옴), 부산 중구 청소년문화의 집(이 건축물은 겨울 숲과 같은 비움을 지향. 궁극적으로 새로운 만남을 불러일으킴), 부산글로벌빌리지(영어의 낯섦으로 인해 분리된 공간, 차단된 만남), 대연동 발도로프 사과나무학교(일상과 비일상의 혼재, 도구적 만남), 금정세무서(습관적인 만남과의 작별·도구적 만남), 동서대운동장(습관적인 것 및 채움에 비움을 부가시킴, 도구적인 만남), 동남권원자력의학원(기존 해송 숲이라는 일상적 만남에다 건물로 둘러쌈, 도구적 만남), 한국해양대 국제교류협력관(바다, 건물, 풍경이 한 몸이 되려고 함, 그러나 도구적 만남), 부산대 인문관(건물과 풍경이 만남으로써 오래된 새로운 만남 효과를 노림), 서면 플래닛빌딩(졸박미와 기하학적 건축물과 도구적 만남), 수영강변 크리에이티브센터(안과 밖의 상호 만남에 대한 그리움과 어긋남), 태극도·안창마을(오래된 새로움 속의 반복의 광채), 유엔묘지 정문(전통으로부터 솟아남과의 만남), 디오센텀사옥(누드 엘리베이터와 중정의 이미지 조각들의 향연, 이미지 조각의 모음, 일상적 만남이 무너짐), 센텀시티(욕망의 시공간들로 인해 습관적 만남만 존재함)···.

적어도 필자가 추측하기로는 일상적 만남이 무너지면서 바로 새것에 동반되는 새로운 만남이 출현한다. 옛것이 배경이라면 새것은 전경이리라. 전경은 새로운 만남을 수반한다. 예를 들어 일상과 비일상이 서로 교차되면서 즉 일상이 배경으로 비일상이 전경으로 바뀌면서 도구적 새로움이 전경에 나타났다가 다시 배경으로 사라지면 그것은 소모성(conspicuous silence)이다. 습관적 만남에서 새로운 만남, 즉 도구적 만남에서 습관적 만남으로, 건축물의 배후인 습관적 만남이 막을 접어 올리면 새로운 만남이 드러난다. 도구적 만남은 두 가지 종류다. 습관적 만남과 예술적 만남(perspicuous silence) 그것들이다. 도구로서의 역할너머 소모 없이 지속된다면 그것은 예술적 만남이다.

다양함 속에 깃든 '공감' 찾아야

부산의 건축에 대한 정답은 결코 고정될 수 없다. 부산의 건축은 '~이다'라고 규정하는 순간에 이미 다른 것이 되는 이유다. 이 지역의 건축은 변화와 새로움 속에서 침묵의 지속이 이루어진다. 침묵의 지속은 아우라로부터 온다. 건축물의 변화와 새로움은 아우라의 새로운 변형이다. 아우라의 질(質)과 건축물의 질(質)을 합하여 부산성은 결정되어야 할 것이다. 무수한 종류의 만남들이 전경으로 혹은 배경으로 무수하게 존재할 수 있다. 개인, 지역, 민족의 주관적 취향마다 느끼는 만남도, 만남의 색깔도 다르다. 만남으로부터 나오는 건축물은 어린이들이 그리는 그림처럼 다양하다. 부산의 건축은 부산성 내에서 이렇게 다양하다.

    건축을 어떻게 일반인들에게 쉽게 전달할 것이냐 하는 것은 집필 내내 필자를 괴롭혔다. 가능하면 이슈가 있을 법하고 감흥이 오는 건축 위주로 대상을 골랐다. 사진작가 조명환 씨와 지인들의 헌신에 크나큰 도움을 받았음을 밝힌다.

끝